SEO検定

SEO CERTIFICATION TEST 1st GRADE

公式テキスト

1級

一般社団法人
全日本SEO協会 編

2022・2023年版

C&R研究所

■本書の内容について

● 本書は編者が実際に調査した結果を慎重に検討し、著述・編集しています。ただし、本書の記述内容に関わる運用結果にまつわるあらゆる損害・障害につきましては、責任を負いませんのであらかじめご了承ください。

● 本書は2022年1月現在の情報をもとに記述しています。

● 正誤表の有無については下記URLでご確認ください。

　https://www.ajsa.or.jp/kentei/seo/1/seigo.html

●本書の内容についてのお問い合わせについて

　この度はC&R研究所の書籍をお買い上げいただきましてありがとうございます。本書の内容に関するお問い合わせは、「書名」「該当するページ番号」「返信先」を必ず明記の上、C&R研究所のホームページ(https://www.c-r.com/)の右上の「お問い合わせ」をクリックし、専用フォームからお送りいただくか、FAXまたは郵送で次の宛先までお送りください。お電話でのお問い合わせや本書の内容とは直接的に関係のない事柄に関するご質問にはお答えできませんので、あらかじめご了承ください。

〒950-3122 新潟県新潟市北区西名目所4083-6　株式会社 C&R研究所　編集部
FAX 025-258-2801
「SEO検定 公式テキスト 1級 2022・2023年版」サポート係

はじめに

　本書では4級から2級までのSEO基礎技術を発展させた応用技術を解説しています。

　SEO技術の世界にはたくさんの基本的な概念があります。そしてGoogleがどのような
サイトを上位表示するのかというGoogleからの要求事項も知る必要があります。

　しかし、実際の現場で自社サイトの検索順位を上げるためには、それらの「点」を知る
だけでは限界があります。流動する検索エンジンの動向を知り、企業を取り巻く環境の
変動に対応した「活きたSEO」を実践するためには、それら「点」と「点」を結ぶ「線」を
知ることが肝要です。そして、それらの「線」を知ることによりSEO技術を実際に業務で
使う「フロー」、つまり「流れ」が見えてきます。

　本書では現場で実践的にSEO技術を活用するための「フロー」にフォーカスしてすぐ
に使える技術を解説しています。

　それらの「フロー」は、次の4つです。

（1）今求められるモバイル対応を実施するための流れ

（2）さらにモバイルマーケティングを強化するための独自アプリ作りの
　　流れ

（3）地元客を集客するためのローカルSEOの流れ

（4）検索順位が落ちたときに着実に順位を回復するための流れ

　これらの「フロー」を知ることにより即実践可能なSEO技術を習得できるはずです。

　特に本書では検索順位が落ちたときの順位回復方法を過去の経験からわかったさま
ざまな原因を網羅してそれぞれの原因と問題解決方法を解決しています。SEO担当者
には検索順位を上げることだけが求められるのではなく、万一、順位が落ちたときに速
やかに順位を回復する力も求められます。

　こうしたGoogleが実施したアップデートへの対応方法を解説した後は、その先にある
SEOの未来への予測をもってSEO検定1級合格を目的とする本書は完結します。SEO
の未来を知ることは現在から将来への「フロー」を知ることであり、SEOの成功が一時的
なものではなく、未来にわたって安定した企業の成長を約束するためには不可欠なこと
です。

　本書がSEOを実際の現場で役立て社会で大きく活躍しようという熱意ある学習者と
最高峰のSEO技術を習得することを目指す人の一助になることを心より祈念しています。

2022年1月

　　　　　　　　　　　　　　　　　　一般社団法人全日本SEO協会

SEO検定1級　試験概要

■ 運営管理者

《出題問題監修委員》　　　　東京理科大学工学部情報工学科　教授　古川利博

《出題問題作成委員》　　　　一般社団法人全日本SEO協会　代表理事　鈴木将司

《特許・人工知能研究委員》　一般社団法人全日本SEO協会　特別研究員　郡司武

《モバイル技術研究委員》　　アロマネット株式会社 代表取締役　中村義和

《構造化データ研究》　　　　一般社団法人全日本SEO協会　特別研究員　大谷将大

■ 受験資格

学歴、職歴、年齢、国籍等に制限はありません。

■ 出題範囲

『SEO検定 公式テキスト 1級』の第1章から第6章までの全ページ

『SEO検定 公式テキスト 2級』の第1章から第5章までの全ページ

『SEO検定 公式テキスト 3級』の第1章から第6章までの全ページ

『SEO検定 公式テキスト 4級』の第1章から第6章までの全ページ

- 公式テキスト
  - URL https://www.ajsa.or.jp/kentei/seo/1/textbook.html

■ 合格基準

得点率80%以上

- 過去の合格率について
  - URL https://www.ajsa.or.jp/kentei/seo/goukakuritu.html

■ 出題形式

選択式問題　80問

試験時間　60分

■ 試験形態

所定の試験会場での受験となります。

- 試験会場と試験日程についての詳細
  - URL https://www.ajsa.or.jp/kentei/seo/1/schedule.html

■ 受験料金

8,000円（税別）/1回（再受験の場合は同一受験料金がかかります）

▌▌▌試験日程と試験会場

● 試験会場と試験日程についての詳細

URL https://www.ajsa.or.jp/kentei/seo/1/schedule.html

▌▌▌受験票について

受験票の送付はございません。お申し込み番号が受験番号になります。

▌▌▌受験者様へのお願い

試験当日、会場受付にてご本人様確認を行います。身分証明書をお持ちください。

▌▌▌合否結果発表

合否通知は試験日より14日以内に郵送により発送します。

▌▌▌認定証

認定証発行料金無料(発行費用および送料無料)

▌▌▌認定ロゴ

合格後はご自由に認定ロゴを名刺や印刷物、ウェブサイトなどに掲載できます。認定ロゴはウェブサイトからダウンロード可能です(PDFファイル、イラストレータ形式にてダウンロード)。

▌▌▌認定ページの作成と公開

希望者は全日本SEO協会公式サイト内に合格証明ページを作成の上、公開できます(プロフィールと写真、またはプロフィールのみ)。

● 実際の合格証明ページ

URL https://www.zennihon-seo.org/associate/

Contents

第1章◆モバイルSEO

5 モバイルユーザーが好むコンテンツ …………… 56

6 モバイル対応サイトのトラフィック対策 ……… 59

第2章 ◆ ASOとアプリマーケティング

1 モバイル集客の意味 ……………………………… 66

Contents

第3章◆ローカルSEO

5 ローカルSEOの外部対策 ········· 130

6 全国で上位表示するためのナショナルSEO ··· 134

第4章◆Googleアップデート

1 絶えず改善される検索アルゴリズム ········· 140

2 パンダアップデートの意味 ········· 140

3 パンダアップデートに耐えるコンテンツ ········· 145

第5章◆検索順位の復旧方法

第6章◆SEOを取り巻く環境の変化とその未来

第 1 章

モバイルSEO

Googleが実施したモバイルフレンドリーアップデートとモバイルファーストインデックスという2つのアルゴリズム改変により、SEOは大きく変わりました。

それはモバイルサイトを中心に検索エンジン最適化を実施しなくてはならないという新ルールです。

このルールに沿ったSEOができるかどうかが勝敗を決する時代が来ました。

1 モバイルフレンドリーアップデート

1-1 ◆ 2015年4月のモバイルフレンドリーアップデート

　2015年2月、Googleはサイト運営者向けのブログである「Webマスター向け公式ブログ」で重大な発表をしました。それは「Googleでは、4月21日より、Webサイトがモバイル フレンドリーかどうかをランキング要素として使用し始めます。この変更は世界中の全言語のモバイル検索に影響を与え、Googleの検索結果に大きな変化をもたらします。」(http://googlewebmaster central-ja.blogspot.jp/2015/02/findin g-more-mobilefriendly-search. html)というものです。

　そして、この予告通り、実際に4月21日からそれまで同じだったPC版Googleの検索順位とモバイル版Googleの検索順位が少しずつ異なるようになりました。

　ほとんどのキーワードでの検索結果は1位～7位くらいまでの順位はPC版Googleもモバイル版Googleも同じでしたが、8位か、9位以降になると順位のばらつきが生じるようになりました。

　この傾向はその後さらに強まるようになり、明らかにモバイル対応サイトのほうがモバイル版Googleで上位表示するようになりました。

1-2 ◆ 2018年3月のモバイルファーストインデックス

　その約2年後、Googleはその歴史の中でも非常に重要な方針転換をしました。それは、2018年初頭からモバイルファーストインデックスを導入したことです。モバイルファーストインデックスが適用されたサイトはPC版サイトではなく、モバイル版サイトの内部要素が主な評価対象になります。その結果、SEOの内部要素対策はこれまでのようにPCサイトを中心に行うのではなく、モバイルサイトを中心に行う必要が生じることになりました。

モバイルファーストインデックスの適用は全世界のWebサイトに一斉に適用されるのではなく、Googleがモバイル対応をしていると認識したサイトから順次適用されるものです。

　自サイトにモバイルファーストインデックスが適用されるとサーチコンソール宛にモバイルファーストインデックス適用完了の通知が届きます。

●Googleからの通知

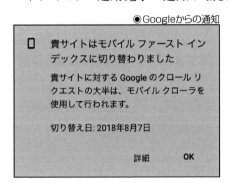

　そして、サーチコンソールの「カバレッジ」という項目を見ると、「メインクローラ: スマートフォン」と表示されるようになります。

●メインクローラがモバイルサイト用に切り替わったことを示す表示

モバイル版Googleの特性

2-1 ◆ モバイルファーストへの方針転換

　こうしてGoogleはモバイルサイトを重視するモバイルファースト主義に移行することになりました。2018年3月から始まったモバイルファーストインデックスが適用されたサイトは、モバイル版Googleの検索順位もPC版Googleの検索順位もモバイルサイトの内部要素に基づいて決定されます。

　現時点で重要な対策は次の3つを実現することです。
（1）全ページのモバイル対応
（2）サイトの軽さ
（3）モバイルユーザーのトラフィック獲得

2-2 ◆ 全ページのモバイル対応

　1つ目の要因はサイトの全ページをモバイル対応しているかどうかです。これはユーザー視点から見ると当然のことでもあります。なぜなら、トップページがモバイル版Googleの検索にかかっていて、それをタップしてページを見たときにそのページは確かにモバイル対応しているのでスマートフォンの小さな画面でも見やすくなっていても、そこからリンクされている他のページが文字が小さくて見づらいPC版ページのままではユーザーの利便性を損なうことになるからです。

　このようなユーザーに不便をかけることを避けなくてはなりません。そのためにはサイト内のどのページがモバイル版Googleの検索結果に表示されてもいいように、そして検索にかかったページにあるどのリンクをタップしても引き続きモバイル対応した見やすいページが見れるようにサイト内のすべてのページをモバイル対応する必要があります。

このことを怠った完全にモバイル対応をしていないサイトをGoogleはそのモバイル版の検索結果ページの上位に表示することを避けて、サイトのすべてのページをモバイル対応したWebページを検索結果の上位に表示させる傾向を強めるようになり、その傾向は今後、一層、強まることが予想されます。

2-3 ◆ サイトの軽量化

モバイルフレンドリーアップデートが実施されてからのもう1つの明らかな傾向は、表示速度が早いモバイルサイトが上位表示されやすくなるという傾向です。

このことが明らかになる前にGoogleは何回にもわたってサイトの軽量化の必要性を訴えてきました。

サイトの表示速度を早くするには、Webサイト内で使用している各ファイルを軽量化する必要があります。そうすることにより通信環境が悪い状況でもユーザーがよりスピーディーにサイトを閲覧することができるようになり、それはそのままGoogleがユーザーにより良い印象を与えることに直結します。

Google自体がモバイル対応をしてページの表示速度を早くしても、そこからリンクされているサイトのダウンロード速度が遅いためにユーザーが「重い」と感じてしまえば、Google自体がユーザーを失うことになります。それを防ぐためにGoogleはサイト運営者にサイトの軽量化を訴えるようになったのです。

2-4 ◆ モバイルユーザーのトラフィック

3つ目の要因は、スマートフォンでアクセスするモバイルユーザーのトラフィックが多ければそれだけモバイルユーザーが見たいサイトであると判断してモバイル版Googleで上位表示されやすくなるというものです。

次の表は筆者が運営するサイトの検索順位の推移です。「Google」と表示されている行がPC版Googleでの検索順位で、その右横の「Gスマホ」がモバイル版Googleの検索順位です。

●PC版Googleとモバイル版Googleの検索順位データ

順位	インデックス数	被リンク数	ドメイン被リンク	
日付	Yahoo!	Google	Gスマホ	Bing
2016/06/15	2	2	1	1
2016/02/16	2	2	2	1
2016/02/09	2	2	2	1
2015/12/08	3	3	3	1
2015/12/03	3	3	3	1
2015/11/25	3	3	3	1
2015/11/05	3	3	3	1
2015/10/19	3	3	3	1
2015/10/06	3	3	3	1
2015/09/15	3	3	3	1

　2016年2月までは両方の検索エンジンでの順位は同じでしたが、モバイルユーザーのアクセスが次ページのグラフのように増加するようになりました。2015年1月にはモバイルユーザーのセッション数はわずか787人だったのが、2016年4月には1846人と2倍以上に増加しました。

　その結果、モバイル版Googleでの検索順位のほうが1つ高くなりました。それまでもPC版サイトの全ページをモバイル対応していましたが、それだけではモバイル版サイトのほうはすぐに上位表示はしませんでした。しかし、全ページをモバイル対応したことでさまざまなページがモバイル版Googleで上位表示してもモバイルユーザーに見やすい作りになっているため、サイトからの離脱が起きにくくなりました。

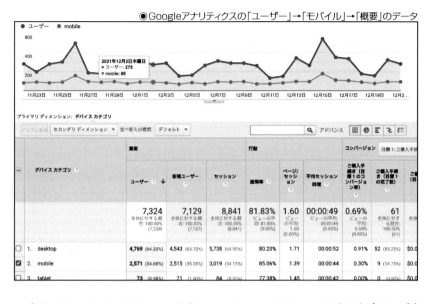

● Googleアナリティクスの「ユーザー」→「モバイル」→「概要」のデータ

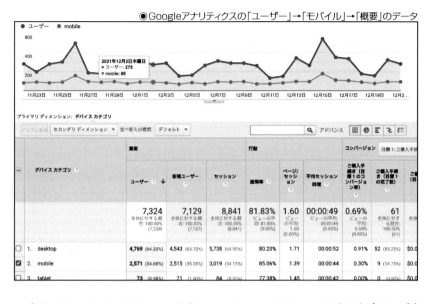

また、FacebookやTwitterなどのソーシャルメディアでほとんど毎日、新しいページを告知して少しずつでもアクセスを増やすことを1年以上、継続しました。

　こうしてモバイル版Googleを使うモバイルユーザーとFacebookなどのソーシャルメディアを使うモバイルユーザーのアクセスを増やすことでモバイル版Googleの検索順位がPC版Googleの検索順位を上回るようになったのだと思われます。

　このことはモバイルユーザーによるモバイル版サイトへのアクセス増がモバイル版Googleでの上位表示に効果があるのかを示すものだと思われます。

2-5 ◆ AMPで作られたモバイルサイト

　2016年初頭にはさらに新しい流れが生まれました。それはGoogleとFacebookなどのソーシャルメディア運営企業、そして大手メディア企業の連合体が提唱する「AMP」（Accelerated Mobile Pages：アクセラレイティッド・モバイル・ページ）というオープンソースプロジェクトです。

　URL http://googledevjp.blogspot.jp/2016/02/
google-accelerated-mobile-pages.html

　AMPというのは一言でいうと現在のWeb技術を使って限界までスマートフォン対応サイトの表示速度を速くするというプロジェクトです。すでに国内でも大手のメディアサイトや人気ニュースサイトがAMPを実装しており、これまでのモバイル対応サイトとは比較にならないほどのページ表示速度を実現しています。

　ただし、Googleは「今のところはAMPを実装しただけで検索順位が上がることはない」と発表しています。AMPを実装することは、直接的ではなく間接的にモバイル版Googleでの上位表示に貢献することが考えられます。それはサイトの表示速度が高速化するとユーザー体験を向上するためにサイト滞在時間が伸びるなどの効果があるからです。

　極限までモバイル版サイトを軽量化することをGoogleが望んでいることだけは確かです。これまで以上にモバイルサイトの軽量化を追求する姿勢がサイト運営者に求められます。

3 Webサイトのモバイル対応方法

3-1 ◆ Googleがサポートする3種類のモバイルサイトの構築方法

　Googleは「Webマスター向けモバイルガイド」というサイトを公開しています。そのサイトにはモバイル対応の方法が詳しく解説されています。

- Google検索デベロッパーガイド

 URL https://developers.google.com/webmasters/mobile-sites/

ここでは次の3つの方法があるとGoogleは発表しています。

（1）レスポンシブWeb デザイン

（2）動的な配信（ダイナミックサービング）

（3）別個のモバイルサイト

3-2 ◆ レスポンシブWebデザイン

　Googleが最も推奨するスマートフォン対応の方法は、PCサイトのすべて
のページをレスポンシブWebデザインという手法でスマートフォン対応する方
法です。レスポンシブWebデザインは、これまで作り上げてきたPCサイトの
各ページのURLにスマートフォンでアクセスすると、スマートフォンの狭い画
面の幅でも見やすいページが表示されるというものです。そして同じページ
をパソコンの幅の広い画面で見るとこれまでのPCサイトがそのまま表示され
るという、1つのWebページが画面の幅に応じて液体のように伸縮するリキッ
ドレイアウトという技術です。

このレスポンシブWebデザインでモバイル対応をすると、PCサイトのURLとスマートフォン対応サイトのURLはまったく同じになります。

●レスポンシブWebデザインの場合のPC版とモバイル版サイトの関係

PC版:
http://www.suzuki.com/index.html
http://www.suzuki.com/kaishaannai.html
http://www.suzuki.com/otoiawase.html

同一URL

スマートフォン版:
http://www.suzuki.com/index.html
http://www.suzuki.com/kaishaannai.html
http://www.suzuki.com/otoiawase.html

Googleは公式サイト(https://developers.google.com/search/mobile-sites)で、レスポンシブWebデザインを推奨する理由を、次のように述べています。

- URLが1つなので、ユーザーがコンテンツを簡単に共有したりリンクしたりできる。

- 対応するパソコン用ページやモバイル用ページが存在することをGoogleのアルゴリズムに伝える必要がなく、ページへのインデックスプロパティの割り当てが正確に行われる。

- 同じコンテンツのページをいくつも維持管理する手間が省ける。

- モバイルサイトのよくあるミスが発生する可能性を抑えることができる。

- ユーザーのデバイスに応じて最適なページにリダイレクトする必要がないため、読み込み時間を短縮できる。また、ユーザーエージェントに基づくリダイレクトはエラーが発生しやすいため、ユーザーの利便性を損なう恐れがある。

- Googlebotがサイトをクロールするために必要なリソースを節約できる。同じコンテンツのページが複数、存在すると、別々のGooglebotユーザーエージェントがすべてのバージョンを複数回クロールする必要があるが、レスポンシブWebデザインの場合は、1つのGooglebotユーザーエージェントがページを一度クロールするだけで済む。Googleによるクロールの効率が上がることで、サイト内のより多くのコンテンツがインデックス登録され、適切なタイミングで更新されるようになる。

次の図は筆者が運営しているサイトのPCサイトです。

下図がレスポンシブWebデザインでモバイル対応したサイトです。

●モバイルサイト

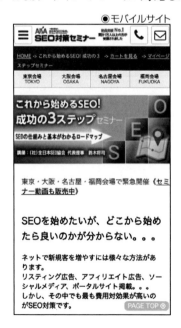

　PCサイトのデザインは2カラムのレイアウトですが、モバイル対応したサイトのデザインは1カラムでヘッダーのメニュー項目数も絞り込まれシンプルなデザインになっています。

　しかし、レスポンシブWebデザインはメリットだけではなく、デメリットもあります。デメリットは次の点です。

- HTML、CSS、JavaScriptなどの知識がないと作ることが難しい
- 外注するときは1ページあたり1万円前後の制作費がかかることが多い
- PCサイトのデザインが複雑なレイアウトの場合、外注するときに費用が高額になり、自作する場合はかなりの手間がかかるため、PCサイトのデザインがシンプルなレイアウトの場合に適している

3-3 ◆ 動的な配信（ダイナミックサービング）

　こうしたレスポンシブWebデザインのデメリットのかなりの部分を克服できるのが2つ目のモバイル対応技術である「動的な配信（ダイナミックサービング）」です。

　「動的な配信」もレスポンシブWebデザインと同様にPCサイトとモバイル対応サイトのURLはまったく同じなのでGoogleが好む手法です。

◉動的な配信の場合のPC版とモバイル版サイトの関係

PC版:	同一URL	スマートフォン版:
http://www.suzuki.com/index.html	=	http://www.suzuki.com/index.html
http://www.suzuki.com/kaishaannai.html		http://www.suzuki.com/kaishaannai.html
http://www.suzuki.com/otoiawase.html		http://www.suzuki.com/otoiawase.html

3-4 ◆ 別個のモバイルサイト

　3つ目のモバイル対応の手法が、これまでのPCサイトはそのままにしておいて、別のURLでまったく別個のモバイル対応サイトを作るというものがあります。これは最も古い方法で、多くの企業がすでにこのやり方でモバイル対応サイトを持っています。

PC版: http://www.suzuki.com/index.html http://www.suzuki.com/kaishaannai.html http://www.suzuki.com/otoiawase.html	異なるURL ≠	スマートフォン版: http://www.suzuki.com/sp/index.html http://www.suzuki.com/sp/kaishaannai.html http://www.suzuki.com/sp/otoiawase.html

しかし、このやり方はGoogleが最も推奨しない手法です。それは次のような理由です。

(1)PCサイトのすべてのページのモバイル版を別のURLで作ろうとすると非常に手間がかかるので、PCサイトの一部のページのモバイル対応サイトを作るだけのケースが多い。

(2)2つもサイトを持つことになるのでPCサイトの全ページをたくさんの時間と予算を使ってモバイル対応サイトを作り上げたとしても、その後内容を更新しようとするとかなりの手間がかかるようになる。

(3)新商品の案内ページを作るなど新規ページを作成するときはPCサイト用に1ページ、モバイル対応サイト用に1ページと合計2ページも作らなくてはならなくなり、時間と費用が余分にかかる。

(4)Googleが情報収集をするために動かしているクローラーロボットが、1つの企業のPCサイトとモバイル対応サイトの2つのサイトの情報を収集することになり、二度手間になってしまう。

これら少なくとも4つの理由により、別個のモバイルサイトを作るという手法は最も良くないモバイル対応の方法になっています。

技術面でこれら4つの理由の中で最も気を付けなくてはならないのが(4)の理由です。

GoogleはPCサイトとモバイル対応サイトの両方をクロールして分析するため、PCサイトのページとモバイル対応サイトの中に書かれている文章が同じか、ほとんど同じ場合、同じ情報が2つのURLにあるため、検索順位算定上、ミスをすることがあります。

こうしたミスを防止するためにGoogleが提唱しているのがアノテーションというメタタグを使う手法です。PCページとモバイル対応ページのそれぞれのヘッダーにアノテーションというメタタグを貼り付けてそれぞれのページの関係性をGoogleに対して明らかにし、モバイル対応していることをGoogleに認識してもらう手続きです。

たとえば、自社内のある商品を紹介するWebページのURLが次のようだったとします。

●PCページ

```
http://www.suzuki.com/shouhin-001.html
```

●スマートフォン対応ページ

```
http://www.suzuki.com/sp/shouhin-001.html
```

この場合、「http://www.suzuki.com/shouhin-001.html」というPCページのヘッダーに次のように記述します。

```
<link rel="alternate" media="only screen and (max-width: 640px)"
href="http://www.suzuki.com/sp/shouhin-001.html">
```

そして、同じ情報が掲載されている「http://www.suzuki.com/sp/shouhin-001.html」というスマートフォン対応ページのヘッダーに次のように記述します。

```
<link rel="canonical" href="http://www.suzuki.com/shouhin-001.html">
```

そうすることによってメインのページがPCページであり、それの複製ページがモバイル対応ページであるということをGoogleに伝えることができます。

こうすることで、本来なら内容がそっくりなWebページが2ページかそれ以上あることは検索順位ダウンの要因になりますが、それを避けることが可能になります。

3-5 ◆ モバイルフレンドリーテスト

　いずれの手法を採用してモバイル対応したとしても必ずモバイル対応を実施したWebページを「モバイルフレンドリーテスト」でチェックするようにしてください。

- モバイルフレンドリーテスト

  URL https://search.google.com/test/mobile-friendly

　次の図はモバイル対応をしていないページのテスト結果です。

◉モバイルフレンドリーテストの結果ページ

　診断結果は「モバイルフレンドリーではありません」というメッセージが表示されてしまい不合格でした。この状態のままだとモバイル版Googleの検索順位が下がってしまいます。

3-6 ◆ Page Speed Insights

Googleが提供する2つ目のツールとしては「Page Speed Insights」という表示速度の測定ツールがあります。

- Page Speed Insights
  URL https://pagespeed.web.dev/

Googleが推奨する表示速度の速いモバイル対応ページを作成するためのテストツールとして役に立ちます。ただし、点数については完璧な点数を出そうとしてもなかなか難しく、世界トップレベルのECサイトでも49点に達しているかどうかという厳しさです。少なくとも50点以上を取ることを目指してください。

●Page Speed Insightsの結果ページ

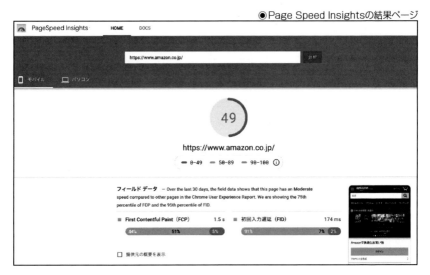

3-7 ◆ サーチコンソール内のモバイルユーザビリティ

3つめのツールはサーチコンソールにある「モバイルユーザビリティ」というものです。そこを見ると自社サイトの中でどのくらいのページがモバイル対応していないか全体像がわかります。

◉サーチコンソール内のモバイルユーザビリティ

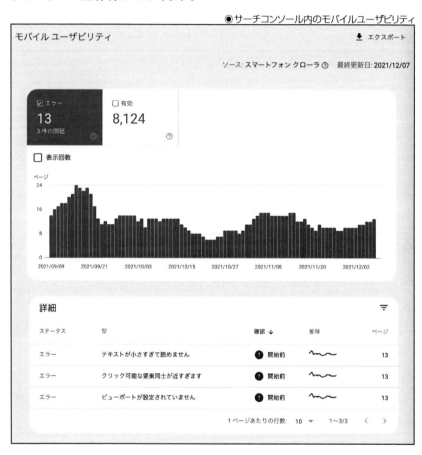

3つのモバイル対応手法のいずれかを選択してモバイル対応した後は、それで安心するのではなく、こうしたGoogleが提供しているツールを使い対応度を確認して改善をするようにしてください。

Webデザインのモバイル対応

4-1 ◆ モバイルサイトのデザイン技術

　これまでGoogleが要求するスマートフォン対応の3つの手法について解説してきましたが、これらはスマートフォン対応の第一歩でしかありません。

　なぜならGoogleがそこで要求するのはあくまでもWebページのHTMLとCSSレベルでのソースコードの記述についてだけだからです。ソースコードの記述は確かに大事ですが、自社の見込み客であるモバイルユーザーはロボットではなく、人間です。ソースを見て購入するかどうかを決めるのではなく、ソース上に表現されるWebページにある文章、画像などを見て決めます。

　そこで重要なのがモバイルユーザーに購買という行動を起こしてもらうためのモバイル対応サイトならではのWebデザインです。

4-2 ◆ モバイルサイトは情報量が少なくてよいのか?

　モバイル対応サイトを作ろうとするときによく間違えるのが「モバイル対応サイトはPCサイトよりも、情報量を減らしたほうがよい」という発想です。

　確かにモバイル対応サイトのほうはPCサイトとは異なり、画面の面積が小さく、表示速度も遅いのでモバイル対応サイトはコンパクトにしたほうがよい面はあります。しかし、PCサイトを見るユーザーも、モバイル対応サイトを見るユーザーも同じ人間です。購買の意思決定に必要な情報量は同じはずです。

　パソコンとスマートフォンの違いは画面サイズの大小と、通信速度の2点です。そのため、Webのデザイン面でのモバイル対応は次のようになります。

◎ シンプルなデザイン、レイアウト、ナビゲーション

✕ 少ない情報量(少ない文字数と画像点数)

スピード面でのモバイル対応は次のようになります。

◎ 軽量化された画像、無駄のないソース（HTML、CSS、JavaScript など）

× 重い画像、冗長で重複が多いソース（HTML、CSS、JavaScriptなど）

モバイルユーザーが携帯電話会社の提供する高速ネット接続のプランを契約していても、アクセスする場所や時間帯によってWebページの表示速度が遅いということがよくあります。Webページとしては軽めに作られたページでもネットの接続状況によっては何十秒も待たされたり、つながらずにエラーになることがあります。反対に重いWebページでもネット接続状況がよければ素早く表示できるときもあります。

そのため、必ずしも軽量化したWebページが高速で表示できるわけではなく、表示速度は「Webページの軽さ×ネット接続状況」によって決まります。今後、ネット接続状況はスピード化され、つながりやすさも改善されるはずなので、Webページの軽さだけを追いかける必要はなくなるはずです。

3つ目のモバイル対応デザインの原則は、各種のモバイルアプリから訪問するユーザーが多いため、次のように「アプリ的である」かどうかです。

◎ アプリのような雰囲気のデザイン

× 従来のPCサイトの複雑なデザイン

アプリ的なシンプルなデザインで操作性の高いナビゲーション・メニューをモバイル対応サイトに実装することで、アプリから自社モバイル対応サイトにシームレスなユーザー体験を提供することができます。そして、それは訪問後に期待される成約率にポジティブな影響を与えることが期待できます。

これらの理由からWeb デザインにおけるモバイル対応は次の3つの原則を守る必要があります。

（1）シンプルなデザイン、レイアウト、ナビゲーション

（2）軽量化された画像、無駄のないソース（HTML、CSS、JavaScript など）

（3）アプリのような雰囲気のデザイン

　これら3つの原則に則してモバイル対応サイトのページをデザインすることが必要です。

　なお、モバイル対応サイトを確認するときに毎回、スマートフォンで見るのではなく、パソコン上で見ることができます。パソコン上でモバイル対応サイトを見る詳細を下記の著者のブログに記載してあるので、参照してください。

URL https://www.web-planners.net/blog/archives/000056.html

4-3 ◆ 単品商品、単品サービスのトップページは？

　まず、モバイル対応サイトをデザインするときに最初に気になるのがトップページをどのようにデザインするかです。モバイル対応サイトのトップページをデザインする際は、次の考え方があります。

　（1）単品商品の販売サイトの場合、トップページは縦長のページでよい

　（2）複数の商品の販売サイトの場合、トップページはそれら商品詳細
　　　　ページへのリンク集のようにする

　次の図は電話代行サービスを専門として提供している会社のモバイル対応サイトのトップページです。

●モバイル対応サイトのトップページの例

通常こうした単品商品、単品サービスのサイトでは、トップページを訪問したユーザーにその単品商材についての一通りの説明をトップページでするデザインをよく見かけます。

理由はたった1つの商材について何ページもタップして見なくてはならないと通信速度が速いときは問題がありませんが、速度が遅かったり途中回線が途切れると次のページを見ることができなくなるからです。たとえ見ることができたとしても何秒も待たなくてはならず、屋外などのあまり快適とはいえない環境で見ているユーザーにはストレスになり、サイトを離脱する原因にもなります。

こうした理由によりモバイルユーザーが複数のページをタップする手間を省き、トップページを表示するだけでその商材の全体像を理解できる縦長のページが増えてきています。

PCサイトは画面の幅が広いのでユーザーの目の動線は左から右、右から左下へという「Z型目線」ですが、スマートフォンの画面は幅が狭く、縦が長いので上から下へという「I型目線」です。

●PCサイトの場合のユーザーの目線の動き

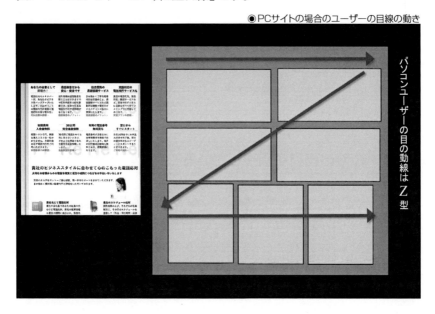

パソコンユーザーの目の動線はZ型

●モバイルサイトの場合のユーザーの目線の動き

スマホユーザーの目の動線はI型

　無理をして横に複数の情報アイテム（文章の段落や画像）を並べれば縦の長さは短くできます。しかし、ユーザーの目の動線は上から下の方向なので、横に並べるよりは縦に並べる方がユーザーにとって見やすいページになります。

　ただそうなると、どうしても縦が長くなる傾向になります。長くなることに最初は抵抗を感じるでしょう。しかし、モバイル対応サイトを作るときはあくまでモバイルユーザーの目の動線を尊重するべきです。縦に長くなることを躊躇しないでください。

4-4 ◆ 複数の商材を販売しているモバイル対応サイト

　一方、複数の商材を販売しているモバイル対応サイトを運営していたら、それら複数の商材をすべてトップページで紹介しようとすると、かなり縦長のページになり非常に不便になってしまいます。そのような場合のトップページは単品のときとは逆に、縦長にする必要はありません。

次の図は筆者が運営するセミナー案内サイトのモバイル対応サイトのトップページです。複数のセミナーや講座の詳細ページへのリンクと提供者の簡単な自己紹介だけを載せるようにしています。この場合のトップページの役割は各商材の全体像を知ってもらうことではなく、ユーザーが興味を持った商材の詳細ページに誘導するための選択肢を提供することです。

●モバイル版サイトのトップページ例

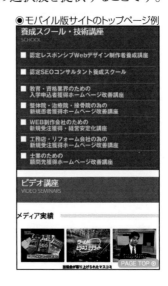

そしてユーザーが興味を持った商材の詳細ページは、単品サイトのトップページのように、縦長でたくさんの情報があるページになっています。

東京、大阪会場で開催

SEO対策が年々複雑になってきている・・・

そのように感じる方が、今日からすぐに実施できるお金のかからないSEO対策は無いのか？

このセミナーはまさにそうした思いを抱いている中小企業の方、起業家の方、アフィリエイターの皆さんのためにデザインした初心者にもわかりやすく説明した初級講座です。

このセミナーでは・・・

SEO対策成功の3要案

SEO対策が出来れば広告費を削減できる

実現困難な目標と簡単に実現できる目標

SEO対策の成功をどうやって売上アップにつなげるのか？

正しい目標設定のコツ

どのキーワードで上位表示を目指すのか？

儲かりそうなキーワードはどうやって見つけるのか？

ホームページのテーマはどうやって決めるのか？

SEO対策に有利なホームページの設計術とは？

どのようなホームページをヤフー/Googleは

◉ モバイル版サイトのページ例

たくさんの知識や豊富な資金が無くともヤフー/Googleの検索エンジンでの上位表示は達成できます。

それは、これまで全日本SEO協会のセミナーを受講した多くの受講者の皆さんが実証してきました。

その成功のプロセスを全て分解して簡単なマニュアルに落とし込みました。

講師の鈴木将司がSEO対策の完全初心者の方のためにわかりやすい解説と多くの成功事例を用いて、まず今日からできるSEO対策を提案します。

これまでSEO対策は自分の力だけでは無理だ、、、お金がかかるから無理だ、、、と感じていた方は鈴木将司の受講者10,000人以上が試行錯誤を繰り返して編み出したすぐに効果を出すSEO対策を体感してください。

ご自分の努力で検索順位がアップする感動を味わって下さい。そして自信をもってホームページの集客の成功をご自分の手で実現してください。

高く評価するのか？

ホームページが完成した後にすぐにすべき事とは？

どうすればヤフー/Googleが自社のホームページを認識してくれるのか？

検索順位はどうやって決まるのか？

リンク広告は効果があるのか？買うべきなのか？

お金をかけないで無料でリンクしてもらう方法は何か？

SEO対策に有利なトップページの造りは？

効果的なメニューはどうすれば良いのか？

SEO対策とホームページの見やすさ、使いやすさのバランスの取り方は？

どのような文章を書けば検索エンジンにも見込み客にも高く評価してもらえるのか？

4-5 ◆ テキスト量（文字数）は?

モバイル対応サイトを作るときにトップページの形の次に迷うのが文字数を減らすかどうかです。

モバイルユーザーもPCユーザーも同じ人間なので、モバイルユーザーだけは少ない文字数でよいということはありません。しかし、スマートフォンの限られた画面の面積ではPCサイトのページと同じ文字数だと縦長になり過ぎてスクロールするのが面倒になってしまいます。

こうした問題を解決するには、PCサイトのページと同じ文字数をモバイル対応サイトのページにも掲載して部分的に隠すという方法があります。

①アコーディオン

文章のはじめの数行をモバイルユーザーに見せ、興味があればもっと見るためのリンクをタップしてもらい、続きの文章が表示される「アコーディオン」という手法を使う方法が普及しています。

アコーディオンはjQuery Mobile（http://demos.jquerymobile.com/）というサイトに行くとソースコードが無料で取得できます。jQuery Mobile（ジェイクエリ モバイル）は、タッチ操作に最適化したWebを開発するためのフレームワークで、jQueryプロジェクトチームによって開発されたものです。JavaScriptライブラリ、モバイルフレームワークの1つとしても知られています。HTML、CSSの知識があれば、高度なプログラミング知識がなくても簡単にモバイルサイトを作ることができます。

アコーディオンのよく見かけるパターンが「＋」ボタンをタップすると下に文章が表示されて、「＋」だった印が「-」になり、「-」ボタンをタップすると元のように縮むというものです。

「＋」ボタンの他には下向きの矢印（↓）や「詳細を見る」というテキストリンクのパターンもあります。

次の図は実際にアコーディオンのソースを用いたスマートフォン対応サイトの例です。矢印のある行をタップすると、その下にその項目の詳細が表示されます。

●アコーディオンの例

| 貴社名にて電話応対 | ▽続きを読む |

| 貴社のスケジュール応対 | ▽続きを読む |

契約者様および、それぞれの社員様別に、その日のスケジュールを登録して（外出・帰社時間・出張等など）、まるで専用秘書を雇ったように、こまかく丁寧にお客様にお伝えし、応対することができます。

| お客様へ伝言連絡 | ▽続きを読む |

このアコーディオンのソースコードを使えば、文章の一部分だけ見せることができ、下にスクロールする人にはたくさんの文字がなく負担が減ります。それ以上、読みたい人は「＋」ボタンなどのリンクをタップすればもっと読めるようになります。このように、詳細を見たくない人と、見たい人の両方のニーズを満たすことができます。

②タブ

アコーディオンの次によく見かける手法として「タブ」があります。たくさんの文字数があり、ユーザーに全体を見せる必要がない場合は、見せたい部分だけを最初の画面で見せて、残りの部分はタブをタップしないと見えないようにする技法です。

タブを使うときの注意点は、タブをユーザーがタップしたときに中身が空であることを避けることです。よく見かけるのが「口コミ」というタブをタップすると「口コミ0件です」というメッセージだけが表示されることがあります。

これではユーザーをがっかりさせることになります。そうしたことは避けてください。

●タブの使用例

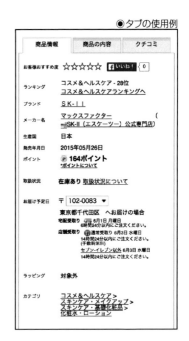

③「もっと見る」リンク

　もう1つの手法が、リンクの一覧ページなどで使われるもので、「もっと見る」というリンクをタップするとその下にさらにリンクの一覧が表示されるものです。データベースと連動した動的なページなら必要な場合にページの長さを延長して同じページ内でより多くのリンク一覧やテキストをユーザーが見れるようにすることができます。

●「もっと見る」リンクの使用例

4-6 ◆ 画像の配置とサイズは?

　テキストだけでなく、画像についてもモバイル対応サイトだからといって出し惜しみをしてはいけません。購買決定に必要な情報量にモバイルユーザーもPCユーザーも違いはありません。

　しかし、限られたスマートフォンの画面面積においてPCサイトと同じようなページのデザインはできません。モバイル対応サイトでもPCサイトと同じ数だけを掲載するためには、次のような工夫が普及してきています。

①スライダー

　スライダーは画像イメージをスライド式で見せる手法で、複数の画像を画面いっぱいに見せつつ、横にスワイプ(画面に触れた状態で指を滑らせる操作)すると次の画像が見えるものです。縦に複数の画像を配置してページが縦長になり過ぎるのを避けたいときに最適です。

●スライダー使用例

価格: 3,480円(税込 3,758円)

商品説明

■品　番・・9321-ENAT-N
■状　態・・新品　ノーブランド　箱付
■サイズ・・S (22〜22.5ｃｍ)　M (23〜23.5ｃｍ)　L
(23.5〜24ｃｍ)　ＬＬ (24〜24.5cm)
■ヒール・・高さ14ｃｍ
■ソール・・厚さ3.5cm　高さ1.5cm
■ワイズ・・E
春らしいキレイ色の、可愛いツイード素材のパンプスです。

②サムネイル

　スライダーよりも多くの画像があり、か
つどのような画像があるのかをユーザー
にあらかじめ伝えたいときに最適なの
が、サムネイル方式です。サムネイル画
像をタップするとその画像の拡大画像
が表示されるので、ユーザーが見たい
画像を自分で選べるのが特徴です。

●サムネイル画像使用例

③画像の配列：並列 VS. 縦列

　スライダーやサムネイルを使わずに画像を表に出してユーザーに見せたいときは複数の画像を横に置くことはなるべく避けるべきです。

　モバイルユーザーの目線はすでに述べたように上から下に流れるI型の動線です。横に何個も画像があるとI型の流れを遮り、PCサイトのようにZ型になってしまいます。

　縦に画像を掲載するメリットは1つひとつの画像が画面の幅を目いっぱい取れることです。それにより画像を大きく見せることが可能になります。大きな画像を見せることでユーザーにインパクトを与えることが可能になり、サムネイルのように余分なリンクをタップしなくても画面を下にスクロールするだけで連続して画像が見れることにより利便性が高まります。

◉画像を縦列にしているページの例

◉画像を並列にしているページの例

　画像を並列すると上図の例のように画像内に文字がたくさん書かれている場合、文字が見にくくなってしまい、メッセージがユーザーに伝わりにくくなることがあります。

4-7 ◆ 画像に含めるテキストは?

　画像の中にテキストを含めるときは、縦列の画像なら1つひとつの画像が画面の幅を目いっぱい取ることができるので、19文字くらいまでなら問題なく読めます。しかし、見やすくするためにはなるべく1行あたりの文字数を少なくして改行するようにしてください。

　特にユーザーにタップしてほしいバナー画像内の文字数は少なめにし、インパクトのあるキャッチフレーズをなるべく短めに書くようにしてください。そうすれば一目で何のことかがわかるのでタップ率が上昇し、モバイル対応サイト全体に対して見やすいサイトだという好印象を与えてサイト滞在時間を伸ばす助けになります。

4-8 ◆ 画像の容量

　画像の容量はすでに述べたようにGoogleはより少ない容量を求めています。そして、モバイルユーザーにとっても表示スピードが速いほうが快適です。

　Googleの「PageSpeed Insights」(https://pagespeed.web.dev/) でチェックし、アドバイスに沿って重い画像の容量を、画質を犠牲にしないで軽くするようにしてください。

　画像を軽量化する方法として近年、普及している手法にロスレス圧縮というものがあります。特殊なアルゴリズムのソフトを使うことで画像の劣化をさせることなく、画像を何割も軽量化することができます。

- Tiny JPG(PG、PNGファイルのロスレス圧縮の無料サービス)
  URL https://tinyjpg.com/

4-9 ◆ グローバルメニューは?

　サイト内にある主要ページへのリンクをグローバルメニューと呼びます。モバイル対応サイトのグローバルメニューは、通常、ヘッダーメニューとフッターメニューに設置されています。

①ヘッダーメニュー

　ヘッダーメニューの項目数は画面の幅に余裕のあるPC版ではたくさん掲載しても問題ありませんが、モバイル版の場合は幅が狭いので必須メニューのみ厳選してユーザーの目に見える場所に表示し、その他はドロップダウンメニューの中に入れるようにするとすっきりして見やすくなります。

●リフォーム会社のPC版サイトのトップページ

● リフォーム会社のモバイル版サイトのトップページ

● モバイル版サイトのドロップダウンメニューの例

②フッターメニュー

　フッターメニューは10個くらいまでなら次ページの図のようにテキストリンクとして表示して、リンク内の文字は1項目を1行に収めると見た目がすっきりして見やすくなります。

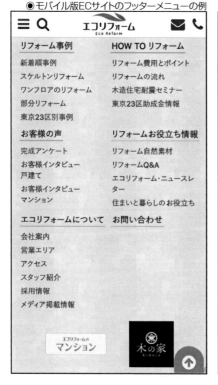

●モバイル版ECサイトのフッターメニューの例　　　　●モバイル版サイトのフッターメニューの例

　10個を超える場合は横2列くらいなら見やすさを犠牲にしないでユーザーに見せることができます。

4-10 ◆ 電話ボタンの配置とデザイン

　次に重要なのはユーザーがモバイル対応サイトを見て反応をしたくなったときにアクションを起こしやすくする配慮です。

①電話発信のしやすさ

　スマートフォンの主要な機能は本来、電話機能です。PCと違い、スマートフォンでサイトを見る場合、思い立ったらすぐに電話発信ができるように配慮をする必要があります。

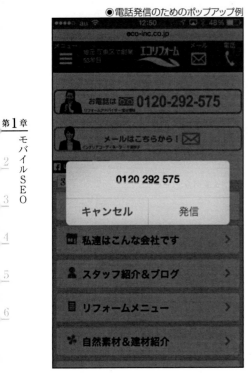

●電話発信のためのポップアップ例

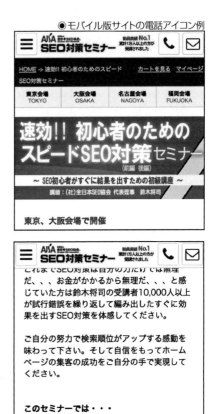

●モバイル版サイトの電話アイコン例

②ボタンのデザイン

　モバイル対応サイトに設置するリンクボタンの注意点は次の3つです。

(1)横にたくさんのボタンを並べない

　横にPCサイトのように7つも8つも載せると1つひとつのボタンの幅が狭くなり、押し間違いが発生しやすくなります。それを防ぐためには多くても6個以内にし、なるべく数を絞り込んでください。

(2)複数のボタンを並列するときはボタンとボタンの間に余白を入れて押し間違いを防ぐ

　数が少なくてもボタンとボタンの間に余白がないと、ユーザーが押そうとしたボタンの隣のボタンを間違えて押してしまうことがあります。ボタンとボタンの間を引き離して十分な余白があるように配置してください。

　また、ボタンだけでなく、複数のテキストリンクが並列されるときはそれらの間に十分な余白を付けてミスタップ（押し間違い）が起きないように配慮してください。

(3)ボタンの中の文字は1行以内に収めてなるべく短いフレーズにする

　ボタンの中の文字が2行や3行になると複雑な画像になり、メッセージが伝わりにくくなるので、1行以内に収まる長さのフレーズにシンプル化してください。

●モバイル版サイトのボタン例

4-11 ◆ メールフォームを最適化する「EFO」

　モバイル対応はWebページだけに必要なのではなく、お問い合わせボタン、資料請求ボタン、申し込みボタンを押したときに表示される入力フォームにも必要です。

　PCサイトにあるのと同じ入力フォームをモバイルユーザーに見せると全体が縮小されて見え、1つひとつの項目を入力するのが面倒になります。

　こうした障害を取り除くためにはEFO（エントリーフォーム最適化）を入力フォームに対して行うことです。

　下図はPC版の入力フォームです。2カラムのレイアウトになっていて画面の幅の広さを必要とします。

●PC版サイトのフォーム例

ご相談内容	必須	
建物の種類	必須	○ 木造戸建住宅 ○ 木造以外の戸建住宅 ○ マンション
施工場所	任意	ここに施工場所を入力

連絡先をご記入ください

お名前	必須	ここに名前を入力
メールアドレス	必須	ここにメールアドレスを入力
ご希望の連絡方法	任意	○ 電話での連絡を希望 ○ メールでの連絡を希望
連絡可能な時間帯	任意	電話をご希望の場合、連絡可能な時間帯をご記入願います

スマートフォン版は次の図のように1カラムにして幅が狭くても見やすく入力しやすくすべきです。

●モバイル版サイトのフォーム例

　カラム数を1カラムにする以外で、モバイル対応する際のEFOのポイントは次の通りです。

- 記入項目の文言を短い言葉で簡潔に書く
- 記入項目数を必要最低限に絞り込む
- 入力の手間を減らすために郵便番号を入れるだけで住所が表示されるなどの配慮をする
- 記入中にエラーがあったらエラーメッセージが表示されるようにする（JavaScriptなどを利用）

　フォームのデザインでよくあるミスは、なるべく多くの情報をユーザーに記入してもらうというものです。反対の立場であるユーザーにとっては記入項目数は少なければ少ないほど入力の手間が省けますので楽になります。

また、家族構成や勤務先、年収など、プライバシーに関わる情報は知らない相手には渡したくないものです。フォームの記入率を上げるためには最初の記入では最低限の情報だけを取得し、その後のやり取りに応じて徐々に込み入った情報を取得するように段階的に分けるようにしてください。

4-12 ◆ リピートと口コミを誘発するソーシャルボタン

モバイルユーザーにお問い合わせ、資料請求などをしてもらった後、あるいは申し込み手続きをしてもらった後には、すかさずソーシャルボタンを見せてそれらを押してもらうように働きかけてください。

何人かに1人は自分が買った商品を友人にシェアするためにシェアボタン、いいねボタン、Twitterのシェアボタン、LINEで送るボタンなどのソーシャルボタンを押してもらうことが期待できます。

ソーシャルボタンを設置する場所は、次のようなものがあります。

①商品関連ページ

商品を紹介するページの場合は、商品を目立つようにするためにページの上にはソーシャルボタンを置かずに商品の紹介が終わった部分に置くと商品情報を邪魔することを避けられます。

●ソーシャルボタンの設置例

②お役立ち情報ページ

　販売を目的にしたページではなく、アクセスを増やすためのお役立ち情報ページやブログ記事ページの場合は、ヘッダーとフッターにソーシャルボタンを載せても成約率に悪影響を及ぼすことはありません。

◉モバイル版サイトのページ上部

◉モバイル版サイトのページ下部

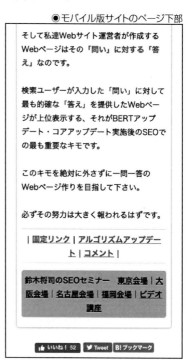

　このようにページの上と下にそのページのテーマに応じてソーシャルボタンを設置し、ユーザーがボタンを押すことによって将来もその企業の情報をソーシャルメディアから受信してもらいやすくしましょう。それによりリピート購入への道がひらけ、ユーザーの友達に口コミをしてくれる可能性が増します。

4-13 ◆ 地図情報

　全国対応の通販サイトなら問題ありませんが、お客様に来てもらわなければならない実店舗や、病院などの地域ビジネスのモバイル対応サイトで特に重要なのが地図情報です。

　Googleマップを表示することが主流になっていますが、GoogleマップのAPIを使ってモバイルユーザーがいる位置情報を割り出し、そこからの道順を表示したり、複数の実店舗がある場合は地図上にそれら複数のお店のアイコンが表示されるなどの工夫も来店率アップに寄与します。

●Googleマップ設置例

54

4-14 ◆ PCサイトにリンクを張る場所

　モバイル対応ページの一番下にはPCサイトを見たい人達向けに「PC版サイトを見る」というリンクがあるとユーザーの希望に添うことができます。ただし、そのリンクはあくまでページの一番下にしてください。

●PC版サイトへのリンク設置例

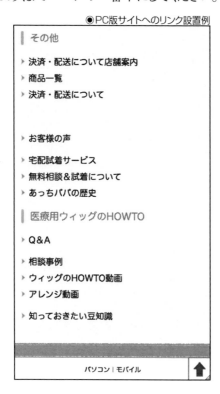

　最近はほとんど見かけなくなりましたが、モバイル対応ページの一番上に目立つ画像やテキストで「PC版サイトを見る」を設置しているモバイル対応があります。スマートフォンの画面面積は非常に狭いのでそうしたほんのわずかのユーザーにしか必要がないものはページの下の方に移動するようにしてください。

　以上が、モバイル対応サイトをデザインする際の注意点です。モバイルユーザーもPCユーザーも同じ人間なので、モバイル対応サイトは決してPCサイトよりも情報量が少なくてよいと考えるのは危険です。

　しかし、情報量をまったくPCサイトと同じ量にすると縦長になってしまったり、操作性が損なわれることになるので、文字数や画像数は減らさずに、シンプル化をするという考えが必要です。

　情報量の削減とシンプル化はまったく別のものです。これまで提案した手法を参考にして、サイトの情報量を削減せず、シンプル化するようにモバイル対応サイトをデザインしてください。そしてモバイルユーザーのユーザビリティを追求してください。

　今後もモバイル対応サイトのデザインのトレンドはスピーディーに変化するはずです。常日頃から競合他社のモバイル対応サイト、まったく別のジャンルのモバイル対応サイト、アプリなどを時間をとって観察するようにしてください。

5 モバイルユーザーが好むコンテンツ

5-1 ◆ モバイルユーザーの特性

　モバイルユーザーが増加する中、サイト運営者は従来のPCユーザーを想定するだけではなく、モバイルユーザーの行動特性を理解して、モバイルユーザーのニーズに対応する必要に迫られています。

　モバイルユーザーの特性を理解する上で役立つ情報源の1つがGoogleが2013年に発表した「Our Mobile Planet」という調査結果です。

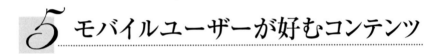
URL https://services.google.com/fh/files/misc/
omp-2013-jp-local.pdf

　これは日本のスマートフォンを使うユーザー1000人（18〜64歳）を対象にアンケート調査を行ったものです。調査結果によると、モバイルユーザーは次のようなコンテンツをスマートフォンで消費していることがわかりました。

5-2 ◆ ソーシャルメディア

　モバイルユーザーが消費するコンテンツの1つ目がソーシャルメディアコンテンツです。調査結果によると66%がソーシャルメディアにアクセスすると回答し、47%が1日に1回以上アクセスすると回答しています。

　ソーシャルメディアの根本的な機能は他者との交流、情報交換であり、使えば使うほど使用頻度が高くなるのが特徴です。企業としてこのメディアを活用することにより、見込み客の獲得だけでなく、既存客とのつながりの強化と情報の拡散という大きなPR効果が期待できます。

5-3 ◆ 動画

　次の重要な発見は回答者のうち、71%が動画を視聴し、18%が1日に1回以上、動画を視聴することがわかったことです。

　動画コンテンツ配信サービスのYouTubeの人気を受けて、ソーシャルメディアの大手Facebookも動画の配信に力を入れるようになりました。また、大手のTV局もネット企業と提携して番組の動画配信を始めるようになってきました。

　スマートフォンの小さな画面は従来のお茶の間のテレビ受像機に比べると動画を見る環境としては適さないように思えますが、その考えは古いようです。見たいときに見たい動画コンテンツを1人で見るという利便性をスマートフォンは提供します。消費者の新しい生活スタイルへのニーズを満たすのがスマートフォンでの動画視聴だともいえます。

5-4 ◆ ゲーム

調査対象の88%がエンターテイメントのコンテンツを消費し、そのうち50%がゲームをプレイするという結果が出ました。

従来型のゲーム専用デバイス市場が縮小する一方で、手軽にゲームができるスマートフォン用のゲームアプリが1つの大きな産業にまで急成長するようになりました。

5-5 ◆ コミュニケーション

スマートフォンは本質的に電話がその主たる機能であり、この調査でも調査対象の90%がコミュニケーションの手段として利用しています。スマートフォンを使ってコミュニケーションを行う主なツールは次の3つです。

(1)従来の音声通話

(2)メッセージアプリ(LINE、Messengerなど)

(3)電子メール(キャリア専用メール、Gmailなど)

この中でも従来のメッセージアプリや音声通話の機能を提供するLINEは急成長し、Gmailを提供するGoogleは多くのモバイルユーザーを獲得することに成功しました。

このように、スマートフォン上でユーザーが消費するコンテンツは明らかに従来のPCユーザーのものとは異質です。ソーシャルメディア、動画、ゲーム、コミュニケーションを自社サイトに取り込むことがモバイル時代のコンテンツ戦略だということがはっきりとしてきました。可能な限りこれらのいずれか、あるいはすべてをモバイル対応サイト上でも提供することを検討してください。

モバイル対応サイトのトラフィック対策

モバイル版Googleで上位表示するためには、モバイルユーザーのトラフィックを増やす必要があります。それを実現するには、次のような対策が必要になります。

6-1 ◆ 全ページのモバイル対応

最初の一歩は、自社サイトのすべてのページをモバイル対応することです。このことを怠るとスマートフォンの小さな画面では見にくいWebページをユーザーに見せることになり、それを見たユーザーは反射的にサイトから離脱する恐れが増します。

これを避けるにはサイトの一部のページだけではなく、どのページがモバイル版Googleの検索結果に表示されても大丈夫なように、すべてのページをモバイル対策することが必須です。

自分ではサイトのすべてのページをモバイル対応しているつもりでも実際にはいくつかのページが未対応なことがよくあります。サイトのすべてのページが完全にモバイル対応しているかどうかを知る方法があります。それはサーチコンソールにある「モバイルユーザビリティ」という項目を見ることです（ユーザビリティとは使いやすさ、使い勝手という意味です）。

モバイルユーザビリティを見るためには左サイドメニューの「エクスペリエンス」→「モバイルユーザビリティ」をクリックします。

● サーチコンソール内のモバイルユーザビリティ

画面の中段にある「詳細」という項目には具体的な問題点が表示され、それぞれの問題点の部分をクリックすると次の図のようにサイト内のどのページがその問題を抱えているかがわかります。

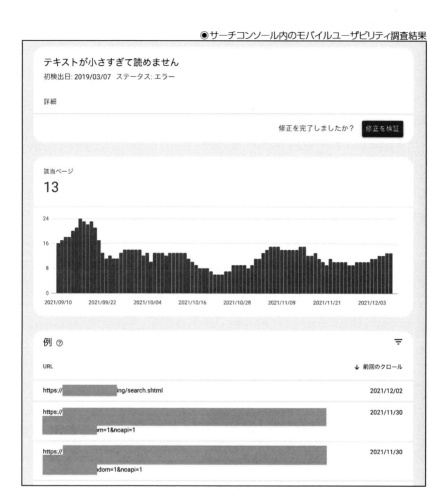

テキストが小さすぎて読めません

初検出日: 2019/03/07　ステータス: エラー

詳細

修正を完了しましたか？　修正を検証

該当ページ

13

2021/09/10	2021/09/22 2021/10/04 2021/10/16 2021/10/28 2021/11/09 2021/11/21 2021/12/03

例 ⑦

URL　　　　　　　　　　　　　　　　　　　　　　　　　↓ 前回のクロール

https://　　　　　　　ing/search.shtml　　　　　　　　　　　2021/12/02

https://　　　　　　　　　　　　　　　　　　　　　　　2021/11/30
　　　　　om=1&noapi=1

https://　　　　　　　　　　　　　　　　　　　　　　　2021/11/30
　　　　　dom=1&noapi=1

　この情報を参考にしながらユーザビリティの改善を行うことで、スマートフォンユーザーが使うモバイル版Googleでの検索順位アップを目指すことができます。

6-2 ◆ モバイル対応しているサイトへの登録、掲載依頼

　モバイルユーザーに自社サイトを訪問してもらうための2つ目の対策は、すでにモバイル対応をしているサイトに登録依頼、または掲載依頼をすることです。すでに多くの人気ポータルサイトやニュースサイトなどがモバイル対応をしています。そうしたところに有料、無料を問わず、できるだけたくさん登録依頼、掲載依頼をすることが求められます。

6-3 ◆ モバイルアプリへの登録、掲載依頼

　3つ目の対策はモバイルアプリを配布して一定のユーザーがいるアプリへの登録、掲載依頼をすることです。今日、多くの企業がモバイルサイトだけでなく、アプリを配布してユーザーとの接点を作ろうとしています。
　下図は大手のポータルサイトがモバイルサイトのトップページ上でアプリのダウンロードをユーザーに促している様子です。

●モバイルアプリへの登録を促している例

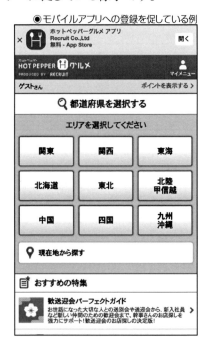

トップページの一番上の目立つところに自社アプリのダウンロードページへのリンクを張っています。少しでも多くのモバイルユーザーに自社アプリを使ってもらおうという意欲が見られます。

6-4 ◆ 人気ソーシャルメディアアプリでの情報発信

4つ目の対策は最も気軽に、そして無料でできる人気ソーシャルメディアの活用です。自社のFacebookページ、Twitter、Googleビジネスプロフィール、LINE公式アカウント、Instagramなどを開設し、自社のモバイル対応サイトの更新情報をまめに発信してリンクを張ってください。それによってモバイルユーザーを自社サイトに誘導することが可能になります。

6-5 ◆ 独自アプリの配布

5つ目の対策は最も手間と費用がかかる方法ですが、成功したら大きな収穫のある独自アプリの配布です。

独自アプリの開発にはプログラミングのコストだけではなく、頻繁にアップデートされるモバイル機器用のOS（Operation System）に対応するためのアップデートの費用がかかるので、多くの中小企業がその開発、配布を躊躇しているのが現状です。

しかし、そうした困難を乗り越えてアプリの配布に成功したら、モバイルサイトだけでモバイルユーザーを集客するよりも多くのユーザーを獲得できるだけでなく、情報のプッシュ機能などの活用によって頻繁な情報配信をユーザーにすることが可能になり、モバイルユーザーの集客をより確かにする可能性を秘めています。

次章では、具体的にどうすれば他社が提供しているモバイルアプリを自社サイトの集客に役立てることができるか、そして独自アプリの開発とプロモーション方法について解説します。

第 **2** 章

ASOと
アプリマーケティング

モバイルアプリの登場により企業は「レコメンド」「ソーシャル」「サーチ」という3つの接触方法を使い効果的なマーケティングが実施できるようになりました。

　しかし、数多くのアプリからスマートフォンユーザーに選んでもらうためにはアプリの存在を認知してもらう必要があります。

モバイル集客の意味

1-1 ◆ PCユーザーとスマートフォンユーザーの数の逆転

　これまでインターネットを使った集客＝PC（パソコン）を使うネットユーザーに自社のWebサイトを見てもらうことが主流でした。しかし、時代が変わり現在ではスマートフォンユーザーの数がパソコンを使うPCユーザーの数を上回るという数の逆転が起きました。その結果、インターネットユーザーの主流はPCユーザーではなく、モバイルユーザーになりました。

　調査会社ニールセンが2015年6月に発表した「デバイスからのインターネット利用者数調査」によると、スマートフォンを使ってインターネットを利用するユーザーの数が家庭のPCを利用して利用するユーザーの1.8倍もいることがわかりました。

- ニールセン、デバイスごとのインターネット利用状況を発表より
  URL http://www.netratings.co.jp/news_release/
  2015/07/28/Newsrelease20150728.pdf

　このようにインターネットを利用するために最も多く使われているのはもはやPCではなく、スマートフォンだということがはっきりとしてきた現在、Webマーケティング＝モバイルマーケティングだといっても過言ではない状況が訪れています。

モバイルユーザーとの接触方法

2-1 ◆ 3つの接触方法

　こうして重要性を増すようになったモバイルユーザーに接触するための手段は主に次の3つがあります。

（1）レコメンド
（2）ソーシャル
（3）サーチ

◉スマートフォンユーザーとの接触方法

2-2 ◆ レコメンド

　レコメンドというのは直訳すると「推奨する」という意味で、スマートフォン
のユーザーにアプリを通じて情報をプッシュ配信するものです。新しいアプリ
をインストールしたらそのアプリを提供している会社から情報が頻繁に配信
されることがあります。

　たとえば、日経新聞の電子版のアプリをインストールすると毎日一定の時
間にニュースの見出しがロック画面（パスコードを入れる前の画面）に配信
されます。そしてその見出しを横にスワイプして、パスコードを入れるとアプリ
が立ち上がり、その記事を見ることができます。

●スマートフォンのロック画面

　電子版の雑誌を販売している企業のアプリをインストールすると最新の雑
誌の発売のお知らせメッセージが同じように配信されますし、Amazonのア
プリを使っているとAmazonからそのユーザーが興味を持ちそうな商品の
情報が配信されます。

レコメンドはアプリの登録ユーザーに配信されるメッセージですが、単なるメッセージと違うのは1人ひとりの行動履歴をコンピューターが分析し、その人に推奨できる情報をカスタマイズして配信することができる点です。

無造作に誰にでも同じメッセージを配信すれば「自分には関係ない迷惑な情報だ」と思われてプッシュ配信を解除されてしまうでしょう。しかし、自分の過去の行動履歴に基づいた推奨情報が送られてくることは、最初は不気味に感じることがあっても回を重ねることで「自分のことを知ってくれている」というポジティブな感情を引き起こします。そして、それは、情報を配信する企業が意図する行動を促すことにも成り得ます。

レコメンドのもう1つの機能は、モバイルユーザーの位置情報に基づいてその地域にいる人におすすめするリアル店舗の情報を配信できる点です。

さらに最近ではビーコン機能により、1つのお店のどの棚の近くにユーザーがいるかによって細かくおすすめの商品情報や声がけをプッシュ配信で行うことも実現されてきています。

このように企業にとっては非常に便利なレコメンド機能ですが、どのような企業が有利になるかというと、次の3つになります。

(1)リアル店舗を持っている企業

(2)ブランド名が確立されて信用されている企業

(3)独自アプリを配信できる企業

リアル店舗を持っていれば位置情報により近くの系列店舗でのセール情報を即座に配信しつつネットショップのおすすめ情報もプッシュ配信ができますが、ネットショップしかないネット専業の企業ならネットショップの情報しか配信できません。

また、有名企業ならすでにブランド名が確立されていて消費者に認知され信頼もされているという有利性を持っています。プッシュ配信ではこの信頼性が重要です。あまり知らない企業のアプリをインストールしてからいきなり馴れ馴れしくプッシュ配信でメッセージを送られるよりも、有名なお店からのメッセージなら信頼できるので見られやすいですし、興味を持ちやすいからです。

さらに、そうした巨大企業ならたくさんの資金を使い洗練されたアプリを開発して、TVのCMを放映したり、全国の店舗で大々的にアプリの宣伝をすることも可能になります。

しかし、中小企業や無名の起業家でもアプリの世界はまだまだチャンスがあります。アプリの歴史は短く、工夫次第ではたくさんの見込み客がダウンロードして使ってくれる独自アプリを作ることができます。また、これまでよりもはるかに安いコストで独自アプリを開発する環境も整いつつあります。

本章の後半では独自アプリをどのように企画、開発すればよいのかを提案します。

2-3 ◆ ソーシャル

レコメンドの次にモバイルユーザーと接触するもう1つの方法は「ソーシャル」です。ソーシャルというのはソーシャルメディアのことで、有名なアプリはLINE、Facebook、Twitterなどがあります。

モバイルユーザーの中にはプッシュ配信によるレコメンドを見なかったり、そもそも信用しない人もいるはずです。しかし、友人や、有名人がすすめるモノやサービスがほしくなる人もいます。売り手が一方的に発信する情報よりも、自分が個人的に信用する人達が発信する情報を信じる人達が増えています。

そうした人達にリーチするためには、モバイルユーザーが使うソーシャルメディアのアプリ内で自社の存在や商品の存在を知ってもらうことが必要になります。

2-4 ◆ サーチ

モバイルユーザーへの3つ目の接触方法は最も古い方法で、サーチ、つまり検索エンジンを通じて自社の存在や商品の情報を知ってもらうというものです。

検索エンジンを搭載する最も代表的なものはGoogleやYahoo! JAPANのような検索ポータルです。これらには従来のブラウザアプリや、各社が提供する検索アプリ内で自社のサイトを上位表示する必要があります。具体的な方法としては検索結果の一番上と下に表示されるGoogleアドワーズなどのリスティング広告への出稿や、自然検索結果部分に上位表示するためのSEOがあります。

また、スマートフォンならではの手法としては、LINEやFacebookなどに搭載されている検索エンジンで上位表示する方法があります。

即戦力になる集客アプリ

3-1 ◆ すでに有名な人気アプリを活用する

このようにモバイルアプリの登場により変化したネット集客の世界に対応するためにはアプリを活用して「レコメンド」「ソーシャル」「サーチ」という3つの接触方法を使うことが有効です。

ユーザーの行動が多様化する現在、従来のように自社のWebサイトを作り、検索エンジンの上位に表示させて誘導するだけでは不十分になってきました。では企業がスマートフォンを使って新規客を呼び寄せるためには、いったいどこから手を付ければよいのでしょうか?

それは次の3つです。

（1）すでに有名な人気アプリから集客する

（2）自社で独自のアプリを開発して集客する

（3）自社のモバイル対応サイトを作り集客する

効率が良いのは、すでに人気のあるアプリを活用することです。その多くが無料または低料金で利用できます。そして、その後は自社独自の理想的なアプリを作って勝負をするのです。

3-2 ◆ LINE公式アカウント

モバイルアプリには色々なものがありますが、その中でも非常に広く普及している人気のアプリがLINEです。

●LINE公式アカウント

LINEがそのアプリを通じて提供しているサービスは主に、スタンプを利用したテキストチャット、インターネット電話、ゲームがありますが、アプリ内には主に大手企業が出店している公式アカウントと、一般企業が出店しているLINE公式アカウントというサービスがあります。

その中でも注目されているのがLINE公式アカウントというサービスです。集客をしたいという中小企業や小さなお店、そして個人までもが利用できるLINE公式アカウントという新サービスが始まりました。LINE公式アカウントというサービスを使うと次のようなことができます（LINE公式アカウント紹介サイトより抜粋）。

①メッセージ

　LINE公式アカウントの一番の目玉は自社の顧客にお友達登録をしてもらうことにより、登録者全員に自社のメッセージを配信することができる機能です。お友達登録をしてくれるのは一般企業の場合はこれまで商品を購入してくれた顧客や、商品は購入していないけど情報はほしいというファンの人達です。

　LINE公式アカウントはスタート時には企業でしかも地域密着ビジネス、来店型ビジネスだけしか使えませんでしたが、2015年から個人事業主やフリーランスなど原則、誰でも利用できるようになりました。そうした個人で利用する人達はファンを増やして彼らにメッセージを配信することができます。

●LINEアプリ表示例

　LINEのユーザーは常日頃、友達や同僚達とメッセージの交換をしていますが、それと同じ感覚で企業も顧客のお友達のような立場でメッセージを届けることができるというのが大きな特徴です。

　具体的にどのようにメッセージを配信するのかというと、スマートフォン専用アプリやPC管理画面からメッセージを作成し、お友達になってくれた顧客やファンに一斉配信することができます。配信の事前予約も可能なので、キャンペーンやイベントに合わせて臨機応変に利用できます。

②1:1トーク

顧客やファンと1:1でトークをすることができます。顧客やファンがLINEから直接コミュニケーションすることができるため、各種お問い合わせなどを手軽にやり取りすることができます。

● 1:1トークの例

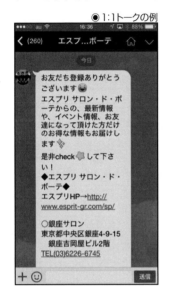

● エステサロンのページ例

③アカウントページ

LINE内に専用のホームページを持つことができます。お知らせやイベント告知、新着情報など自社のアカウントについての情報を、一般のWebサイト同様に簡単に作成・発信できます。

④タイムライン・ホーム

プッシュ型のメッセージ配信以外にも、タイムライン・ホーム機能で不特定多数のユーザーに向けて自社のアカウントのニュースやお知らせ情報を届けることができます。メッセージ送信時、タイムラインに同時投稿することも可能です。

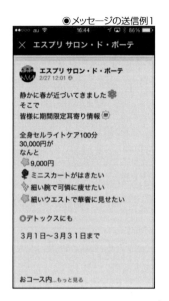

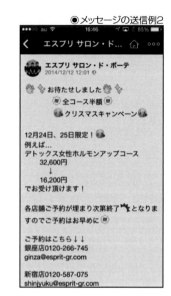

⑤PRページ

 メッセージには収めきれないリッチな情報やクーポンなどを簡単に作成し、配信することができます。1回限りの使いきりクーポンや、抽選クーポンも作成可能です。

⑥リサーチページ

 アンケートや人気投票のようなユーザー参加型コンテンツを配信できます。自社商品やサービスの調査をしたり、性別年齢などの顧客属性を取得することができます。

⑦統計情報

 日々の友達追加数の変化や、タイムラインへの反応などを確認できます。また、期間を指定して数値データをダウンロードすることができます。

このように通常のWebサイトと同じか、それ以上の機能を提供するのがLINE公式アカウントです。LINE公式アカウントは基本的に誰でも申し込みができます。ただし、企業がLINE公式アカウントを使う場合は必ず認証済みアカウントを取得するべきです。そうすることでLINEアプリ内の検索結果をはじめ、LINE内での露出が増加します。

認証済みアカウントにするためには審査を受ける必要があります。審査に合格するには実店舗のあるアカウント、証明可能なEC事業者など、原則として本人確認が必要です。審査期間はおよそ10営業日前後かかります。審査にはWeb上で公開されている電話番号に本人確認の電話がいくようになっています。

ブランド品を販売している店舗やネット専業の企業の場合は、通常より審査に時間がかかる場合があります。

3-3 ◆ その他のソーシャルメディアアプリ

LINEの他に有効なソーシャルメディアは、次のようになります。
- Facebookページ
- Twitter
- Googleビジネスプロフィール（旧称：Googleマイビジネス）
- YouTube
- ソーシャルブックマーク
- mixi（ミクシイ）
- Instagram（インスタグラム）
- Pinterest（ピンタレスト）
- LinkedIn（リンクトイン）

これらについては『SEO検定 公式テキスト 2級』で活用方法を詳述しているので、そちらを参照してください。

4 独自アプリの企画・開発方法

4-1 ◆ モバイルアプリの爆発的普及

ソーシャルメディアを中心とした人気アプリを活用してモバイルユーザーを集客して、モバイル対応サイトに誘導するメリットは初期投資をほとんどせずに低コストでモバイルユーザーの集客ができるという点です。

しかし、さらにモバイルユーザーを自社サイトに集客するために独自のモバイルアプリを持って集客のために活用することが有効です。

独自アプリの開発には資金、時間がかかりますし、多くのモバイルユーザーにダウンロードして使ってもらえなければ集客上のメリットはありません。リスクのある事業です。そもそも独自アプリを開発する意味はあるのでしょうか？　アプリはモバイルユーザーにどれだけ普及しているのでしょうか？

Googleが2015年2月に発表した「インターネットの日本経済への貢献に関する調査分析」によると2013年度における日本のアプリ経済の市場規模は約8200億円となっており、2011年度の約2200億円から4倍近くの規模に飛躍的な成長を遂げています。

米国でコンテンツマーケティングの研究で実績のあるスコット・ブリンカー氏の発表（http://chiefmartec.com/2014/05/bet-whole-company-marketing-apps/）によると、Webは次の4つの段階を経て進化をしています。

（1）Webページ

（2）リッチコンテンツ（ビデオ、ウェビナー、インフォグラフィック、レスポンシブWeb、HTML5）

（3）パーソナライゼーション（ビジターの属性に応じて動的にコンテンツを生成して提供する）

（4）マーケティングアップス（インタラクティブなスマートフォンアプリ）

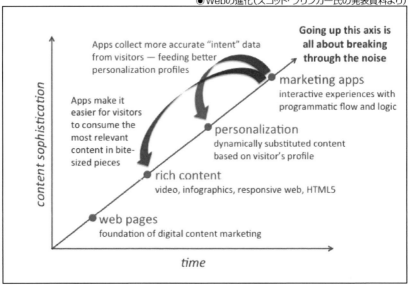

　この第4段階のマーケティングアップスがまさにモバイルアプリです。いくら自社のWebページだけを充実させたとしても、自社の競合他社が強力なアプリを開発して配布していれば、彼らに見込み客の多くを奪われることもあり得る時代になってきました。

　独自アプリの開発はリスクのあることですが、当たれば大きいものであり、たくさんの新規客をもたらし、かつ固定客作りに役立ちます。

4-2 ◆ 2つの開発方法

　独自アプリの開発は、昔に比べると環境が整ってきています。アプリのプログラミングをする方法は主に2つあります。

①HTML5ベースのアプリ
　これはHTMLの最新の仕様であり、従来のWebページを構築する以外にも動画やさまざまな機能を実現できる言語です。

メリットは次の点です。

- HTML5はWeb制作で普及しているHTML5、CSS、JavaScriptなどを使った方法なので、開発が早く安く済む
- iPhone版、Android版のアプリの両方をほとんど同時に作れる

デメリットは次の点です。

- ゲームなどは動作が遅い
- 高度なプログラミングではないのでスマートフォンのすべての機能を活用できない

②ネイティブアプリ

　ネイティブアプリは端末内の演算装置が直接に演算処理を行うもので、モバイル端末の多くの機能を活用した高度なアプリをプログラミングすることができます。

　メリットは次の点です。

- 動作のスピードが速い
- スマートフォンのさまざまな機能を使ったアプリが作れる

デメリットは次の点です。

- 専門のプログラミングの知識が必要なので制作費が高くなる

　HTML5アプリ、ネイティブアプリともにメリット、デメリットがありますが、まずは開発コストが安く済むHTML5で独自アプリを作り、その後、パフォーマンスを上げるためにネイティブアプリに移行するという2段階の方法が堅実です。

アプリにはどのような機能を盛り込むことができるのかですが、アプリで活用できるスマートフォンの主な機能には次のようなものがあります。

- モーションセンサー
- カメラ
- マイク
- コンパス
- 回線情報
- 電話帳
- ボタン押下、タッチなどのネイティブイベント
- ファイルシステム
- GPS
- メディア通知
- ストレージ

4-3 ◆ 実店舗に来てもらい、その後の来店頻度を高める

独自アプリは自社サイトへのトラフィックを増やす以外にも企業のさまざまなビジネスプロセスの改善に役立ちます。アプリによって改善できるビジネスプロセスの1つは、自社が実店舗を運営している場合、実店舗に来店をしてもらうというものあります。新規客の実店舗への集客だけに終わらず、その後もより頻繁に実店舗に来店してもらうためのリピート率の向上に役立てることができます。

「スマポ」というアプリがあります。このアプリは加盟店のビックカメラなどに来店するだけでポイントがもらえるというアプリです。

こうした仕組みを独自アプリによって、自分の店舗やクリニックだけに導入することができます。特別な端末を使わないでも、お客様がスマートフォンにインストールしたアプリを起動して店舗にあるバーコードやQRコードを撮影するとポイントが貯まるということも可能です。

4-4 ◆ 自社商品・サービスをスマートフォン上で試してもらう

　独自アプリで改善できるプロセスの1つは、お客様が店舗に来店しなくてもアプリをダウンロードして使うだけで自社の商品やサービスをお客様のスマートフォン上で試してもらえるというものがあります。こうしたアプリは、洋服販売、宝石販売など、試着が必要な業界で配布されています。

　夢展望という低価格のファッションアイテムを販売しているECサイトでは「夢コレクション」という試着アプリを配布しており、インストール件数も1万～5万件に達しています。このアプリを使うと自分の写真に好きな写真を着せ替えて全身のコーディネートができます。コーディネートのシミュレーションができ、リンクをたどると自社サイトで購入もできるようになっています。

　その他、リフォーム会社や建材メーカーが提供する住宅リフォームのシミュレーションアプリや、家具店が提供する部屋の模様替えのシミュレーションアプリなども出てきています。

4-5 ◆ 自社サイトのトラフィックを増やす

　データがたくさんあって情報を検索できるサイトを持っている場合は、そのサイトのアプリ版を作るケースが増えています。データがたくさんあるのは、不動産情報サイトや求人情報サイト、習い事情報サイトなどが典型的な例です。

　これらのサイトをほとんど丸ごとアプリ化して、アプリ内のリンクをタップしているうちに自社の公式サイトにユーザーがたどり着くものがあります。アプリの中にはサイトを見るためのブラウザ機能を盛り込むことができるので、効果的に自社サイトにリンクを張ることで自社サイトのトラフィック増に貢献します。

4-6 ◆ 物品、サービス、データ、ソフトなどの販売、カタログ

　もう1つのアプリができるビジネスプロセスの改善は、これまで請求してくれた人に分厚い紙のカタログを郵送で送っていたものをアプリによって電子化することです。

　こうしたアプリを提供している業界には多くのアイテム数があるファッション業界、部材・部品業界、通販業界などがあります。なかにはカタログをただ見せるだけではなく、リンクをたどると自社公式サイトに行け、そのまま申し込みができるようになっているものも増えてきています。

　以上が独自アプリの可能性についてです。企画をする際にはまず、見込み客、既存客がどのような点に不便を感じており、それを解決するためにどのようなアプリを提供すべきか、あくまでユーザーの立場を起点にしてください。

低コスト・無料でアプリを開発する方法

5-1 ◆ アプリ開発の依頼

　何を作るかを決めたら、次は誰がどのように作るかという開発依頼のステップになります。幸いなことに、最近では開発環境のほとんどは無料で入手できます。また、年々、アプリの開発は効率化されてきています。一昔前はアプリ開発に少なくても数百万円はかかっていたものが、今では安いものは数万円程度で発注することも可能になってきています。

5-2 ◆ クラウドソーシング

　在宅で副業としてプログラミングをしてくれる人も増えており、ランサーズ、クラウドワークスなどのクラウドソーシングサービスを使えば5万円くらいの予算からアプリ開発をしてくれるところもあります。費用を抑えるためにはそうしたところを活用することも選択肢の1つになっています。

　次の図はクラウドソーシングサービス大手のランサーズ内のアプリ開発案件の募集ページです。こうしたページを見ると、どのようにアプリ開発を発注すればよいのかの発注方法が学べて参考になります。

●アプリ開発案件の募集ページ

5-3 ◆ パッケージ化されたアプリをカスタマイズするASP

　その他、初期投資を抑えたい場合は月額数千円から数万円の利用料金を払い、パッケージ化されたモバイルアプリをある程度、自社の希望にあったようにカスタマイズしてくれるASPサービスも増えてきています。

　以上が自社独自のアプリの企画、開発方法についてです。リスクは確かにありますが、それを発注形式の工夫、優れた独創力により補い人に喜ばれるアプリができれば、他社のアプリに依存しなくて済みます。多くのモバイルユーザーのホーム画面に自社アプリの鮮やかなアイコンがインストールされることになり、そこから多くの新規客を集客することが可能になります。

 ASO:アプリストアのSEO対策

6-1 ◆ アプリショップ内の検索エンジン上位表示対策「ASO」

　多くの企業や個人がモバイルアプリを開発して、iPhoneユーザーが利用するApp StoreやAndroidユーザーが利用するGoogle Playにアプリをアップして配布するようになりました。その結果、国内だけではなく、世界のアプリ配布企業がユーザーの獲得競争をするようになりました。

　どのようなアプリが人気なのか、そのダウンロード数はApple、Googleともに発表していませんが、ジャンル別の人気ランキングは発表しています。

◉App Store

◉Google Play

また、Google Playでは個別のアプリの詳細ページの下の方におおよそのインストール数が「インストール」という項目として発表されています。

◉Google Play内のアプリ詳細ページ

これら人気ランキング、ダウンロード数などを見れば、どのようなアプリが需要があるのか傾向を把握することができます。

アプリを開発して公開したときに直面する大きな問題があります。それは多くのアプリに埋もれてしまい、せっかく作った独自アプリをほとんどのモバイルユーザーに発見してもらえず、集客ツールとして失敗するという問題です。こうした問題を解決するためには、少なくとも次のような独自アプリのプロモーション戦略が必要になります。

①アプリショップに登録してアプリショップ内の検索エンジン上位表示対策「ASO」をする

iPhoneユーザー向けのApp Store、Androidユーザー向けのGoogle Playには数え切れないほどの無数のアプリの情報が掲載されています。その中で自社の独自アプリをモバイルユーザーに発見してもらうことは、ある意味、砂漠の中でダイヤモンドを見つけてもらうことくらい困難なことです。

これまで多くの企業が独自アプリを開発してダウンロード数が伸びずユーザーを獲得できずに挫折しています。こうした失敗をしないためには独自アプリを開発前からそのプロモーション方法を理解して準備をすることです。

日本と比べてはるかに競争が厳しい英語圏では何年も前から「ASO」という言葉があります。ASOとは「App Store Optimization」の略で、アプリストア内での表示順位を高めるテクニックです。

ASO対策を成功させるための第一歩は、紹介ページに検索されそうなキーワードを書き込むということです。次の図はApp Store内の検索エンジンで「視力」というキーワードで検索した検索結果です。

◉App Store内のアプリ紹介ページ

　メガネやコンタクトレンズを販売しているお店か、レーシックなどの眼科クリニックならば、その見込み客は視力についてのアプリを探している人だと想定します。そして、そうした人達に使ってもらうために、視力チェックができたり、視力回復トレーニングができる独自アプリを開発したとします。その場合、「視力」というキーワードや「視力チェック」、「視力回復トレーニング」というキーワードで上位表示を目指すことが考えられます。

　「視力」というキーワードで上位表示しているアプリの詳細ページを見ると次のような特徴があります。

（1）アプリの名前に「視力」というキーワードが含まれているものが多い

　たとえば、次のようなアプリ名になっています。

- i視力
- 視力検査
- 視力回復トレーニング
- 視力回復キット
- 視力ケア アイトレ3D
- Numbers Move 動体視力
- 視力チェック〜いつでも手軽に視力チェック

(2)アプリの説明文に「視力」というキーワードが含まれているものが多い

アプリの説明文に目標キーワードを含めたほうが、そうでない場合に比べて上位表示されやすい傾向があります。

◉ 1位のアプリの説明文

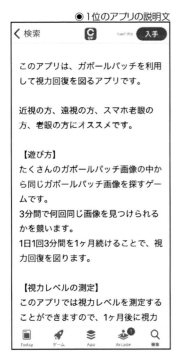

◉ 2位のアプリの説明文

(3)レビューの件数が複数ある

上位表示しているアプリの詳細ページの上にあるレビューというボタンをタップすると、ユーザーからのレビュー情報が表示されます。レビューの数が多ければ多いほど上位表示するということはありませんが、複数件のレビューが投稿されることが上位表示にプラスになることがわかります。

また、レビューの質についてですが、5段階評価のうち、5がたくさんあれば上位表示するということはなく、「視力」で1位表示されているアプリのレビューは5よりも1の方が多いので、レビューの質は問題にはなりません。

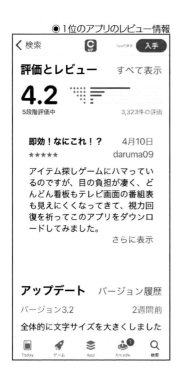

◉1位のアプリのレビュー情報

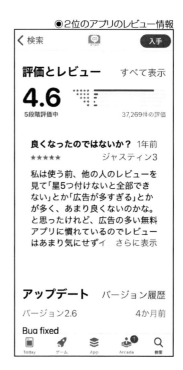

◉2位のアプリのレビュー情報

(4)ダウンロード数、またはインストール数

iPhoneユーザーが使うApp Storeでは、アプリの人気度を表す最も重要な指標であるダウンロード数、またはインストール数は公表されていません。そのため、推測になりますが、ダウンロード数、またはインストール数の多さがランキングの順位に大きく影響を及ぼすのかは断定できませんが、他に手がかりを得る方法があります。

それはAndroidユーザーが使っているGoogle Play内にあるアプリ詳細ページを見ることです。

●Google Play内のアプリ詳細ページ

　そこにはインストールという項目があり、おおよそのインストール数が公表されています。多くの独自アプリ提供企業がApp StoreとGoogle Playの両方でアプリを配布しているので、Google Play内にあるインストール数を見れば、App Store内でのインストール数を推測できます。

　以上がASO対策の基本的な対策項目ですが、問題はどうやって自社の独自アプリのレビューを増やすかです。

　レビューを増やすためには積極的に独自アプリのプロモーションをしなくてはなりません。

②自社サイトで独自アプリを宣伝する

　無料ですぐにでもできることの1つが、自社サイト上に自社の独自アプリのことを目立つように載せ、ダウンロードを促すことです。次の図はスマートフォンのブラウザでAmazonのサイトを見たときの画面ですが、いきなりトップページの一番上にアプリのダウンロードを促すメッセージを表示しています。

◉アプリダウンロードを勧誘している例1

　ユーザーがこのAmazonの独自アプリをダウンロードすれば、スマートフォンのホーム画面を見たときにAmazonのアイコンが目に入るようになります。それによってブラウザをわざわざ起動して「アマゾン」というキーワードで検索しなくても、ホーム画面上のAmazonのアイコンをタップするだけでAmazon独自のアプリが立ち上がります。そしてそのまま買い物ができるという流れを構築しようとしていることがわかります。

　Amazonの独自アプリはAmazonの公式サイトそのものをアプリ化したもので、国内の企業でも最近、自社サイトのアプリ化が流行ってきています。

　この流れは従来のブラウザ経由のアクセスではなく、いきなりユーザーのスマートフォンのホーム画面からブラウザをバイパスしてアクセスを集めようとする非常に積極的なモバイルマーケティングで見習うべきものです。

　トップページの一番目立つ部分であるヘッダーにどうしても独自アプリのダウンロードを誘発するお知らせを表示できない場合は、次の例のように、ページのどこか別の場所になるべく目立つようにダウンロード先のリンクを表示することも考えられます。

●アプリダウンロードを勧誘している例2

③メールマガジン読者や既存客にメールで告知する

　次にできる対策は、自社で発行しているメールマガジンや既存客へのお知らせメールの中に一度や二度ではなく、継続的に頻繁に自社の独自アプリのメリットとダウンロードURLを掲載することです。何度もさまざまな切り口で自社の独自アプリのメリットを説明すればするほどダウンロード数が増えるはずです。

　反応率を上げる工夫としては既存客にアプリの使用感に関するアンケートに答えてもらい、アンケート結果や、ユーザーの声もメールに掲載することがあります。そうすることによって提供者視点ではない、ユーザー視点のメリットが伝わり行動を促すことになります。

④ソーシャルメディアで宣伝する

　メールマガジン以外にもLINE公式アカウント、Facebook、Twitter、Googleビジネスプロフィールなどのソーシャルメディアでも頻繁にさまざまな切り口で自社の独自アプリのメリットを説明することも有効です。

ソーシャルメディアにおいては、ユーザーにとってお金のかかることを告知しても反応率は低い傾向にありますが、無料でもらえることを告知すると反応率が高くなることがわかっています。

⑤レビュアーに紹介依頼をする

さまざまなアプリを実際に試してその感想を書いている個人サイトや企業サイトがあります。そうしたところを検索エンジンで検索し、ユーザーにとってのメリットをわかりやすくまとめて紹介依頼をするのです。そうすると自社の独自アプリが評価され、それらのサイトやブログで紹介してもらえることがあります。

⑥紹介サイトに登録する

アプリの無料紹介をしているアプリ紹介サイトやブログが増えてきています。登録フォームに必要事項を記入するだけで掲載されることがあります。

⑦プレスリリースを出す

他のアプリにはない新規性が認められたら多くのメディアサイト、ニュースサイトで取り上げられることがあります。そうしたサイトの運営者へプレスリリースを配信することを代行してくれるプレスリリース代行会社が複数あります。

次の図は筆者のクライアント企業が作った「fanista」というファッション関連の独自アプリがニュースサイトに掲載された様子です。

　掲載されたことでサイトへのアクセスが増え、ダウンロード数も増えたことが確認されました。

　プレスリリースがうまくいって複数のメディアサイト、ニュースサイトに掲載されるとそれらを情報源として活用しているまとめサイトの運営者の目に止まり、まとめサイトに無料で掲載されるという副次的な告知効果が生じることがあります。

　その他、Twitterなどのソーシャルメディアを使っている人達が自分のフォロワー達にお役立ち情報を伝えて自分の評価を上げるために自社の独自アプリを紹介してくれることもあります。

　プレスリリース代行会社で有名なのはPRTIMES、@プレスなどですが、料金は1回あたり3万円前後なので、広告費を払うことに比べると手頃な価格で利用できます。

リリース時だけでなく、機能をアップグレードしてバージョンアップしたときも忘れずにこうした代行サービスを使うとさらにダウンロード数は増えやすくなります。

⑧業務提携をして共同で宣伝する

自社の情報だけを独自アプリに載せるのではなく、他社の情報も載せて情報の幅を広げれば、独自アプリを共同で宣伝してもらうことをそのアプリの参加企業に依頼することもできます。最初から参加条件として参加者のサイト内で一定の形で自社のアプリを宣伝する、またはダウンロードサイトへリンクを張ることを規則にすることも可能です。

⑨モニター募集サイト、副業募集サイトを使って有料でアプリを試してもらう

メルマガ読者の数が少なかったり、ソーシャルメディアのフォロワーが少ない場合は、モニター募集サイト、副業募集サイトを使い、お金を払ってアプリを試してもらってレビューを書いてもらう方法があります。そうした一連の作業を代行する会社も出てきています。しかし、決して安いものではありません。また、「好意的なレビューを書いてください」というようなステルスマーケティングのような依頼の仕方をするとネット上に自社の悪口が書かれるリスクがあるので、この手段を使うときは慎重に依頼をする必要があります。

⑩ネット広告を購入して宣伝する

これも決して安く済む方法ではありませんが、GoogleやYahoo! JAPANの検索エンジンの広告を購入して自社の独自アプリを宣伝することもできます。

ユーザーにとっては無料のアプリならお金がかかることではないので、商品を売り込むときに比べると通常10倍以上の反応率が得られます。特に多くの競合他社が有料の商品やサービスを売ろうとしている中で自社だけが無料アプリの宣伝を検索結果上ですれば、かなり目立ち、たくさんのダウンロード数を達成することがあります。

検索エンジンの他にもFacebookの広告を使い、1回あたり3万円くらいの料金で一定のダウンロード数を達成した事例も実際にありました。無料のアプリなら有料のものや商品販売の広告と比べると一定の効果を得られることが期待できます。

⑪丁寧な紹介ページを自社サイト内に作ってSEO対策をする

　自社サイト内に自社の独自アプリを紹介するページを丁寧に作り込み、既存のアプリユーザーからもらった感想文などを載せてダウンロードを誘発する企業も増えてきています。そのページがGoogleなどの検索エンジンで上位表示するためには、最低限のこととして、ページのタイトル、本文に上位表示を目指すキーワードをしつこくない程度に含めるようにしてください。

　また、モバイル版Googleで独自アプリを上位表示させる方法として、2014年6月に「App Indexing」という機能が公開されました。この方法は絶えず更新されていて洗練されてきています。この機能を活用するためには開発者としての知識がある程度、必要です。Google公式サイト内にあるFirebaseというサイトに詳細が説明されています。

　URL https://firebase.google.com/docs/app-indexing/?hl=ja

　以上の対策のすべてあるいはそのほとんどを実施することで、自社の独自アプリのアプリストア内での評価が高まり、アプリストア内の検索エンジン上位表示対策「ASO」の成功を目指すことができます。

第 **3** 章

ローカルSEO

地元客を集客するためのSEOはローカルSEOと呼ばれます。

ローカルSEOには、自然検索での検索順位アップと地図部分で上位表示を実現するためのMEOの2つのジャンルがあります。

この2つを制することにより地元客の集客が確かなものになります。

ヴェニスアップデートとは?

1-1 ◆ ヴェニスアップデートの意味

　ヴェニスアップデートとは、ユーザーの位置情報を検索結果に反映するGoogleのアルゴリズムで、2012年2月にGoogleが世界的に実施したものです。ヴェニスアップデートが実施されてからは、地域性が高いキーワードで検索したときに、検索結果に表示される情報が検索ユーザーが所在している地域に近い店舗や企業のサイトが上位表示されるようになりました。

　それ以前には、全国どこで検索してもほぼ同じ検索順位だったのが、地域によって異なった検索結果が表示されるようになり「ローカルSEO」という地域ごとの検索結果で上位表示を目指す新しいジャンルが生まれました。

　こうしたアップデートをGoogleが実施した理由は、モバイル端末が普及したためローカル情報を探すモバイルユーザーが増えたためだと考えられます。

1-2 ◆ 日本での実施

　2014年12月から日本でもGoogleの検索順位が地域によって大きく変化するようになりました。以前から若干そうした傾向はありましたが、2012年に米国で実施されたヴェニスアップデートの影響が日本にもそのときから現れるようになりました。アクセス数にも大きな影響が出てくるようになりました。

　ヴェニスアップデートが日本で実施されて以来、これまで日本全国どこでも上位表示されていたサイトの順位が地域によってばらつきが出るようになりました。

　極端な例になると、東京では検索順位が1位なのに大阪では圏外などというものもあります。また、実際にはそこまで極端な違いはなくても地域によって1位から10位くらい順位が低いケースが増えるようになりました。これにより日本でもローカルSEOが本格的にスタートしました。

キーワードの地域性

2-1 ◆ 地域性の高いキーワードの例

　地域によって検索結果が異なるのはすべてのキーワードではなく、地域性の高いキーワードのみです。地域性の高いキーワードとは、検索ユーザーが地元のお店や企業が提供する商品、サービスを探すときに検索するキーワードで次のようなものがあります。

- ホームページ 制作会社
- 美容院
- 相続相談
- 会社設立代行
- 腰痛 整体
- 求人
- 自動車修理
- 美容皮膚科
- 美味しいステーキ店
- 債務整理 弁護士

　これらのキーワードに関わるお店や企業は、ユーザーが所在する場所から近い方が利便性が高いものです。そして、地元で利用するサービスや商品であることがほとんどです。

2-2 ◆ 地域性の低いキーワードの例

　一方、地域性の低いキーワードで検索すると、検索者が全国どこにいてもほとんど同じ検索結果が表示されます。地域性の低いキーワードは、全国にいるユーザーのために情報または商品・サービスを提供しているサイトを探すときに検索するキーワードで次のようなものがあります。

- ホームページ 作り方
- ニキビ 原因
- ウィッグ 通販
- 美味しいステーキ 作り方
- 自動車修理 工具
- 会社設立 手続き
- 腰痛 右側
- ボブ ショート アレンジ
- 面接 マナー
- 電話占い
- 債務整理 デメリット
- ミネラルウォーター
- 相続税 税率

地域性の低いキーワードのほとんどが何らかのノウハウ、原因の説明、自分でできること、通販で買えるものに関連しています。

2-3 ◆ 地域性が高いか低いかを判断するには?

　キーワードに地域性が高いか低いかを客観的に判断するには、次の2つの方法があります。

①検索したときに検索結果ページに地図検索結果が表示されるか?
　地域性が高いキーワードで検索すると、ほとんどの場合、Googleの検索結果ページ上に地図が表示されます。

②検索したときに検索結果ページの上の方にある地図のタブが左に近いかどうか?
　Googleは検索ユーザーが求めているコンテンツの種類を予測し、検索結果ページのヘッダー部分にあるタブ表示欄に、重要性の高いコンテンツの種類を左から順番に表示します。

●「美容皮膚科」で検索した場合の「地図」タブの位置

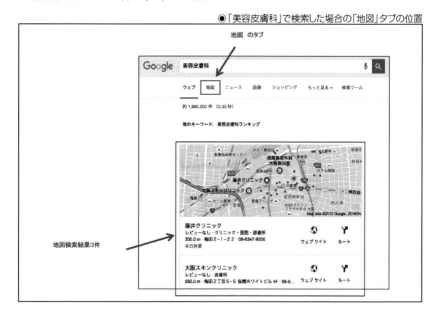

この図は地域性が高いキーワードである「美容皮膚科」で検索した検索結果ページです。検索結果ページに地図情報が表示され、その上には「地図」のタブがウェブの次、つまり最も左側に表示されています。

　一方、地域性が低いと思われる「カレーライス　作り方」で検索すると次の図のように地図情報は表示されず、「地図」のタブは右側の方に表示されます。

◉「カレーライス　作り方」で検索した場合の「地図」タブの位置

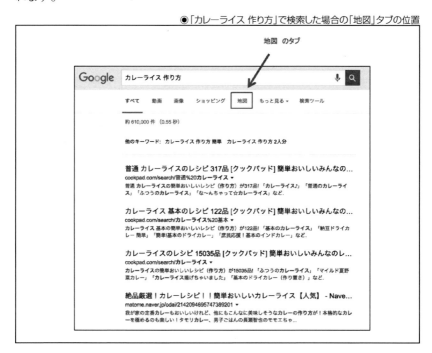

3 MEO:Googleマップの上位表示対策

3-1 ◆ ローカルSEOの2つの目標

こうした地域性の高いキーワードで検索したときにGoogleで上位表示するためには、2つの目標があります。

1つは、検索結果ページ上に表示される地図部分に表示され、かつその上位に表示させるための対策です。2つ目は、地図の下に表示される通常の自然検索結果の上位に表示される対策です。この2つを成功させることによってはじめてローカルSEOで成功したといえるようになります。

●地域性の高いキーワードで神戸市内で検索したときのGoogleの検索結果画面

3-2 ◆ 地図部分での上位表示「MEO」

検索結果の地図部分で上位表示するための施策のことを「MEO」(Map Engine Optimization)と呼びます。MEOを成功させるためには、次の対策が有効だということがわかってきました。

(1)Googleビジネスプロフィールに登録して本人確認を完了する
(2)Googleビジネスプロフィールに適切な情報を入力する
(3)Googleビジネスプロフィールにコンテンツを増やす
(4)Googleビジネスプロフィールに口コミ情報を投稿してもらう
(5)口コミ情報に返信をする
(6)自然検索での上位表示をする

①Googleビジネスプロフィールに登録して本人確認を完了する

Googleのユーザー登録をするとGoogleビジネスプロフィールを運営することができます。Googleの地図検索に表示される情報は基本的にこの企業・団体専用のGoogleビジネスプロフィールに掲載されている情報です。そのため、MEO成功のための第一歩は、このGoogleビジネスプロフィールを運営することです。

ただし、ここで1つ重要な注意事項があります。それは自分がGoogleビジネスプロフィールに登録する前に、すでにGoogleが電話帳情報などに基づいて当事者に無断で登録していることがあることです。このことを知らずにGoogleビジネスプロフィールに登録手続きをしてしまうと、2つのGoogleビジネスプロフィールのアカウントが作られることになり、後々問題を引き起こすことになります。

この問題を未然に防ぐためには、Googleで自社の正式な会社名、または店名、たとえば登録しようとする企業の名前が鈴木洋品店ならば「鈴木洋品店」というキーワードでGoogleで検索をする必要があります。

そしてすでに鈴木洋品店のGoogleビジネスプロフィールがGoogleによって無断で作られていたら、次の図にあるように「ビジネスオーナーですか?」というリンクをクリックして自動電話、またはハガキの郵送による本人確認を行ってください。

●本人確認画面の表示

●本人確認画面

本人確認が完了すると管理画面に入って自由に情報を入力したり、コンテンツを追加することができるようになります。

この本人確認は新規でGoogleビジネスプロフィールで登録するときも必要です。そうすることで、なりすましによる情報登録を防止するようになっているからです。

②Googleビジネスプロフィールに適切な情報を入力する

本人確認が済んだら、次にするべきことはNAP情報を正確に入力することです。NAP情報とは、Name（ビジネス名）、Address（住所）、Phone（電話番号）のことをいいます。Googleはこの3つの情報を非常に重要視しており、入力フォームに情報を正確に記入しないと上位表示に不利になることがあるので細心の注意を払う必要があります。

（1）Name（ビジネス名）

ここには正式な会社名、または店名を入れるようにしてください。たとえば、相続相談をしている鈴木法律事務所という事務所の場合は正式な名前は「鈴木法律事務所」ですので、そのまま「鈴木法律事務所」という言葉を入力してください。

Googleの地図検索ではNameの部分に検索キーワードが含まれると上位表示に有利になります。「鈴木法律事務所」という名前をNameの欄に記入するとGoogleの地図検索で「法律事務所」というキーワードで検索すると上位表示されやすくなります。

しかし、だからといって「相続相談 法律事務所」というキーワードで地図検索で上位表示するためにNameの欄に「相続相談の鈴木法律事務所」だとか、「相続相談なら鈴木法律事務所」というような正式名以外の言葉を入れて登録すると、Googleビジネスプロフィールの審査スタッフが不正行為をしていると見なして地図検索で上位表示できないようにペナルティを受けることになるので気を付けてください。

(2)Address(住所)

住所は完全にすべての項目を正確に記入する必要があります。ミスがあると上位表示に不利に働きます。

(3)Phone(電話番号)

電話番号はその事業所の電話番号を記入してください。0120などのフリーダイヤルではなく、市外局番の含まれる通常の固定電話の電話番号の方が所在地がわかりやすいために上位表示に貢献します。

NAP情報の次に重要なのが画像ファイルの投稿です。事業所の写真や、スタッフの写真など、画像ファイルをアップロードすると一般ユーザーが地図検索結果上で見ても充実した情報があるという印象を持ちやすくなるので上位表示に有利に働きます。なるべく早い時期にこれらの画像をアップロードするようにしてください。

●Googleビジネスプロフィールの管理画面

　なお、Googleビジネスプロフィールへの適切な登録方法についての詳細は下記を参照してください。

- Googleに掲載するローカルビジネス情報のガイドライン

　URL https://support.google.com/business/answer/3038177

③Googleビジネスプロフィールにコンテンツを増やす

　自社のGoogleビジネスプロフィールになるべく頻繁に情報を投稿するようにしてください。投稿可能なコンテンツは次のように、年々増えています。

(1)記事

(2)写真

(3)商品・サービス情報

(4)イベント情報

(5)クーポン情報

　記事の投稿内容は、FacebookページやTwitterも運用している場合は同じコンテンツを投稿しても問題はありません。Googleビジネスプロフィール用のコンテンツを作ることができない場合は同じコンテンツを投稿して更新を怠らないことが重要です。

　投稿文の中には毎回、自社が上位表示したいさまざまなキーワードをしつこくない程度に含めると、それらのキーワードで上位表示しやすいことがわかっています。くれぐれも毎回、同じキーワードが含まれた文章を投稿するのではなく、毎回、異なったキーワードを自然に含んだ文章を投稿すると地図検索欄で上位表示しやすくなります。

●Googleの検索結果ページ

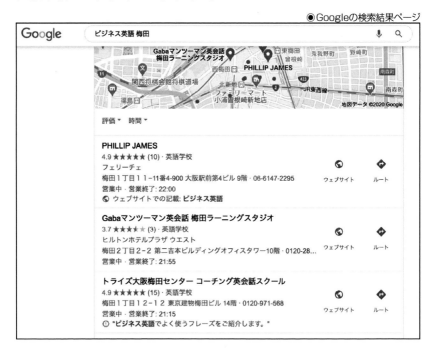

トライズ大阪梅田センター コーチング…
2020/03/03

コーチング英会話スクール「トライズ」の大阪梅田センターです。

ビジネス英語でよく使うフレーズをご紹介します。
仕事で英語が必要な人も、これから仕事で英語を使いたい
転職したいという人もぜひ覚えてください。

【ビジネス英会話フレーズ】

④Googleビジネスプロフィールに口コミ情報を投稿してもらう

上位表示に決定的に有利になるのが口コミ投稿をしてもらうことです。実際にサービスを利用してもらったお客様にお願いをして口コミを書いてもらうようにしてください。

ただし、Googleビジネスプロフィールの担当スタッフは不正行為に絶えず注意を払っているので、短期間に大量の口コミを投稿したり、不正な口コミ投稿を代行する企業に口コミ投稿を依頼するようなことは避けてください。そうしたことをすると独自のチェックシステムによって不正行為が見破られることがあります。その場合、地図部分での上位表示はできなくなるようにペナルティが与えられてしまうので注意を払ってください。

●Googleビジネスプロフィールに投稿された口コミ情報

GoogleはGoogleビジネスプロフィールのガイドラインの中で金銭や物品、割引などの経済的対価を顧客に与えることによって口コミ投稿を増やすことを禁止しています。

口コミ投稿を増やすにはサービス提供者が直接、顧客に投稿を依頼するか、投稿のお願いに関するチラシなどを手で渡すことが投稿数を増やすのに貢献することがわかっています。

⑤口コミ情報に返信をする

　2018年からの傾向としては、投稿された口コミにGoogleビジネスプロフィール運営者がまめに返信をすると、そうでない場合に比べて地図検索で上位表示しやすくなりました。特に、返信のコメント欄に自社が地図検索で上位表示を目指すキーワードをしつこくない程度で含めると上位表示しやすい傾向が生じるようになりました。

●Googleビジネスプロフィールに投稿された口コミ情報とオーナーからの返信

Sakura Yamasaki
1件のレビュー

★★★★★ 1か月前
スマホを落としてしまい画面半分が見れない状態でしたが、1時間もかからないうちに素早く直していただけました。店員さんの対応もとても良く大満足です😊

👍 1

オーナーからの返信 1か月前
この度はご利用ありがとうございました！
今回頂いたご依頼ですが、よくあるご相談【画面液晶が黒くなっている/色のついた線が表示されている/発光して消えない】ではあります。私たちにとって『よくある症状』であっても、ご依頼主初めて経験する症状かもしれませんので、どのような作業でどのくらい復活するのかをなるべくご説明しています！時間としては、端末の状態にもよるのではっきりしない部分ですが、30〜40分程度が目安です。
料金に関して、当店のクオリティと当店の価格(要するにコストパフォーマンスと言いたいです)は、なかなか他を探しても見当たらないかもしれません。
そのうえ3か月間の無料保証があります。万が一不具合に気付いても料金いらずでメンテナンスが可能なのです！

⑥自然検索での上位表示をする

　2015年初頭までは①〜④までをするだけで地図検索で上位表示しやすかったのですが、2015年初頭にGoogleビジネスプロフィールのアップデートが実施されて以来、それだけでは上位表示はしにくくなりました。

　何が追加されたのかというと、自然検索で上位表示しているかどうかという自然検索の評価点です。通常のGoogleの検索結果画面で上位表示していればいるほど地図部分でも上位表示するようになりました。

その結果、自社サイトに対するSEOをしっかりと行う必要性が生じました。MEOだけではなく、自然検索のSEOを従来通りしっかりと行う必要があります。

3-3 ◆ Google以外の検索エンジンのMEOは?

Google以外の主要検索エンジンでは、Yahoo! JAPANやMicrosoft Bingなども検索結果画面に地図を表示するようになっていますが、Googleほどコントロールをすることが容易ではありません。

①Yahoo! JAPAN

Yahoo! JAPANの自然検索部分はGoogleの検索結果データを利用していますが、地図部分の情報は独自に収集し順位を決定しています。Yahoo! JAPANは独自にYahoo!プレイスというサービスを2019年12月から提供開始しました。

そのときからYahoo!検索の地図部分で上位表示をするにはYahoo!プレイスに自社の情報を登録することが効果が出るようになりました。これはGoogleが提供しているGoogleビジネスプロフィール（旧称：Googleマイビジネス）と似たサービスです。

Yahoo!プレイスに登録することにより、Yahoo!検索だけでなく、Yahoo! MAP、Yahoo!ロコなど、Yahoo! JAPANの各種サービスに連携して自社の情報を投稿することができます。

Yahoo!検索の地図部分で上位表示をするにはGoogleビジネスプロフィールと同様にYahoo!プレイス内の自社の情報を充実させ、口コミを増やしそれらにオーナーとして返信を書くことが効果があるということがわかっています。その他にも、Yahoo! JAPANが提携している外部のポータルサイトに自社情報が登録され、たくさんの口コミがそれらポータルサイト上で投稿されていると上位表示する傾向があることがわかっています。

◉Yahoo!検索の地図部分の例   ◉Yahoo!ロコに反映された情報の例

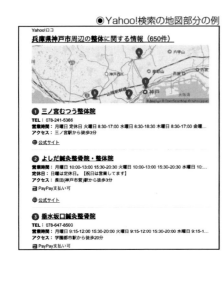 

②Microsoft Bing

　検索エンジンのMicrosoft Bing（旧称：Bing）を運営するMicrosoftも近年になりBing Places for Businessというツールを提供開始して自社のビジネス情報の追加や管理ができるようになりました。これによりMicrosoft Bing検索の地図部分で上位表示を目指すMEOがスタートしました。

　なお、口コミ情報は独自に運営せずに、提携している国内外のポータルサイトの口コミが表示される仕様になっています。

　このようにYahoo! JAPANも、Microsoft Bingもサイト運営者側で活発に編集したり、情報投稿することができるようになり、MEOの対象が拡大するようになりました。

ローカルSEOの内部対策

これまでローカルSEOの1つ目の目標である「検索結果ページ上に表示される地図部分に表示され、かつその上位に表示させるための対策」について述べてきましたが、ここからはローカルSEOの2つ目の目的である「地図の下に表示される通常の自然検索結果の上位に表示される対策」について解説します。

4-1 ◆ 上位表示しやすいサイト構成

検索結果ページの自然検索部分で上位表示するために最も重要なのは上位表示しやすいサイト構成にすることです。上位表示しやすいサイト構成は次の3つの要素からなります。

(1)トップページでは事業所が所在する地域名での上位表示を目指す

(2)サブページでは近隣の地域名、または細かな地域名での上位表示を目指す

(3)トラフィックを増やすためのお役立ち情報ページを充実させる

このサイト構成を採用することにより、そうしない場合に比べて上位表示する確率が高まることが数々の実験の結果、わかってきました。

①トップページでは事業所が所在する地域名での上位表示を目指す

Googleはサイトの地域性を分析します。そのサイトがどの地域の人が見るべきサイトなのかを数々のアルゴリズムによって判断します。その判断基準の1つは「そのサイトの運営者がどこに所在しているのか?」という運営者の所在地です。

たとえば、東京都新宿区で開業している整体院がサイトを作り、Web集客を始めたとします。その場合、そのサイトを見たがる見込み客は新宿区内に在住あるいは勤務している人達の可能性が高くなります。なぜなら整体院は比較的店舗の数が多く、飛行機や新幹線に乗って遠くまで出向くところではなく、極力、地元や通勤途中にあるところに行くものだからです。この意味で「整体院」というキーワードは地域性が高いキーワードに分類されることになります。

　こうした検索ユーザーのニーズを推測しているGoogleとしては、「整体院」というキーワードで検索をしたユーザーがどこで検索したのかその位置情報を把握します。位置情報はユーザーがスマートフォンでネット接続している場合も、自宅や事務所のパソコンでネット接続している場合も、どのアクセスポイントからネット接続しているのかを知ることで割り出すことができます。

　そしてユーザーが新宿区内にいることをGoogleが認識した場合や、ユーザーが「整体院」というメインキーワードの後ろに地域を絞り込むための「新宿」という地域名を追加して「整体院 新宿」で検索したときには、新宿区内に所在する整体院のサイトを上位表示させようとします。

　そうしなければ、新宿区内の整体院を探しているユーザーが行くことがない遠い場所にある整体院が出てきてしまいます。そうしたことが続けば、Googleが提供する検索結果情報への信頼が失われることになります。

　Googleのこうした事情を知れば、サイト運営者がすべきことは明確です。それは自社サイトは基本的に自社が所在する地域名では上位表示しやすいが、所在しない場所の地域名では上位表示が困難だということです。

　こうした理由により自社サイトを地域名付きの「整体院 新宿」のような複合キーワードで上位表示を目指す際は第一目標にすべき地域名は自社が所在する地域名にすべきだということになります。

　そして、それはサイトの中でも最も強いページであるトップページで狙うべきです。なぜなら競合他社のサイトも同じ地域に所在している限り、そこには一定の競争があり、新宿のような大きな街の名前はもちろん、人口の少ない地域でもすぐに上位表示できるという簡単なものではないからです。

　トップページを「整体院 新宿」で上位表示を目指す場合、もう1つ注意しなくてはならないことがあります。それはトップページを他のメインキーワードや他の地域名で同時に狙うことは避けるべきだという点です。

　トップページで上位表示を目指すべきキーワードは本来、サイト全体のテーマです。この例の場合、サイト全体にわたって新宿で開業している整体院の提供するサービスや、そこで働くスタッフ達のこと、そしてそこに来た患者さん達のことがそれぞれのページに書かれているとします。

　その場合、サイト全体のテーマは「整体院」ということになります。そしてその整体院が所在するのが「新宿」です。だからこそ、トップページを「整体院 新宿」で上位表示を目指すことはGoogleのサイト分析のアルゴリズムと合致しており、それが上位表示の可能性を高めます。

　にもかかわらず、サイト運営者がこのサイトのトップページを「腰痛治療」というキーワードや「腰痛治療 新宿」で順位を上げるためにトップページの目標キーワードを次の4つに設定したとします。

　(1)整体院

　(2)整体院 新宿

　(3)腰痛治療

　(4)腰痛治療 新宿

　この場合、(1)と(2)はサイトテーマと一致しているので問題はありませんが、(3)と(4)は一致していません。(3)や(4)でトップページを上位表示させるには、サイトにあるすべてのページ、あるいはほとんどのページを腰痛の治療についてのコンテンツに作り変えなくてはなりません。しかし、そうすると、今度は(1)や(2)のキーワードでトップページを上位表示することが困難になってしまいます。

　ではどうすればよいのかというと、サイト内に腰痛治療に関するサブページを作り、そのページを「腰痛治療」や「腰痛治療 新宿」で上位表示を目指せばよいのです。

しかし、1ページ作っただけではどんなに文字や画像などのコンテンツが多くても、競争が激しいキーワードならば上位表示は困難になります。その場合は、複数の腰痛治療に関するページをサイト内に増やして腰痛治療のサブページをまとめるカテゴリページを作るのです。そして、そこから腰痛治療のサブページにリンクを張ればそのカテゴリページが「腰痛治療」や「腰痛治療 新宿」で上位表示されやすくなります。

●サイトのツリー構造

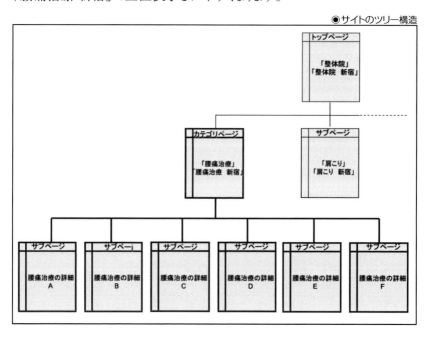

こうしてトップページ以外のページもそれぞれのページに適した目標キーワードを設定することで、Googleのアルゴリズムに沿った無理のないSEOをすることが可能になります。

②サブページでは近隣の地域名、または細かな地域名での上位表示を目指す

　この「サイト内の各ページに適切な目標キーワードを設定する」ということは地域名についてもいえます。トップページは整体院が所在する新宿、または新宿が属する東京という地域名を含む複合キーワードで上位表示を目指すことは許されます。

　しかし、東京都内の他の地域名でもトップページを上位表示させるのには無理が生じます。なぜなら、個々のページの目標キーワードは少なければ少ないほど上位表示に有利になるからです。

　では、新宿近辺の大久保、目白、代々木などの地域名を含む複合キーワードでの上位表示はあきらめなくてはならないのでしょうか?

　そのようなことはありません。対策は、大久保は大久保のページを、目白は目白のページをというように1つひとつの地域名に対応するサブページを作ることです。

　具体的には、大久保から来てくれた患者さんからもらった患者さんの声を1ページ作り、ページの中に大久保という言葉を不自然にならないように散りばめることです。タイトルタグ、メタディスクリプション、H1タグなどに、次のように不自然でならないように大久保という言葉を含めるのです。

●Webページのソース

```
<title>大久保からお越しいただいた患者様の声｜新宿駅から徒歩５分にあるスマイル整体院</title>
<meta name="description" content="大久保からお越しいただいた患者様の声です。スマイル整体院は新宿にある初回無料診断を実施しています。創業２０年の安心と信頼の整体院です。" />
<h1> 大久保からお越しいただいた患者様の声（１）</h1>
```

　そして本文には2回か3回くらい大久保という言葉を含めて上位表示がしやすい800文字以上のオリジナル文章を掲載します。そうすることでさまざまな近隣の地域名で上位表示しやすいページを無限に増やすことが可能になります。

作った後に様子を見て順位が思ったように上がらなかったらそのページのコンテンツ量を増やしたり、さらに同じ地域の患者さんの声のページを作りそのページからリンクを張ることが上位表示に貢献します。

そして、それでも不十分なら、外部対策としてソーシャルメディアや別ドメインのブログなどから紹介のためのリンクを張り、トラフィックを増やし、被リンク元を増やすのです。

③トラフィックを増やすためのお役立ち情報ページを充実させる

こうしてトップページは整体院が所在する地域名を含む複合キーワードで上位表示を目指し、それ以外のサブページでは近隣の地域名を含む複合キーワードでの上位表示を目指していきます。

しかし、このことは一見すると論理的な判断に見えますが、1つだけ大きな盲点があります。それは、そうした地域性が高いローカルなテーマのページだけではサイトのトラフィックはあまり増えないというトラフィックの問題です。

Googleはたくさんの訪問者が訪れるトラフィックが多いサイトを高く評価して上位表示させようとします。トラフィックを増やすためには新宿やその近隣にいる人でかつ整体院に行くことを検討している見込み客にのみ有益なコンテンツだけしかないサイトでは不十分です。なぜなら、そうした状況の人達は全人口の中のほんのわずかしかいないからです。

ではどうすればトラフィックが増えるのかというと、より広い層の人達、他の地域の人達にとっても有益なコンテンツをサイト上で提供することです。それはどのようなコンテンツかというと、具体的には次のようなものです。

- 腰痛がなぜ起きるのかその原因について
- 腰痛が起きたときにすべきこと
- 腰痛を自分で和らげるためにできること

上記のような、その他の症状の原因や対策について全国どこにいる人達にとっても知りたそうなことを予測して、それらをわかりやすく文字や、画像、できれば動画なども用いて説明する全国向けのコンテンツです。

こうした全国どこにいる人にとっても一定のメリットがある全国向けコンテンツもサイト内に増やすことが意外にもローカルSEOで成功するための秘訣なのです。これはローカルSEOのパラドックス（逆説）ともいえます。

　ローカルSEOのパラドックスとは、特定の地域名で上位表示したければその地域をテーマにしたページだけをサイト内に増やすのではなく、トラフィックを増やしてGoogleによるサイトの評価を高めるために全国の人達にもメリットのあるページを一定数、持たなくてはならないというものです。

●ローカルSEOで成功するためのサイト構成モデル

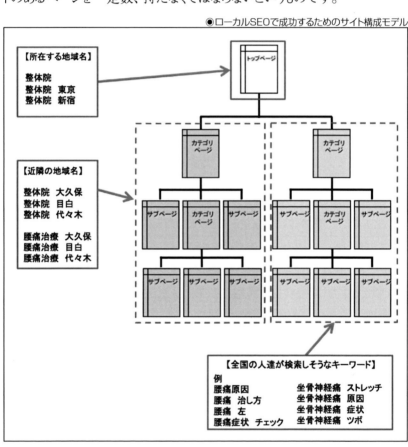

4-2 ◆ ドメイン名

　地域性が高いキーワードで上位表示しているサイトの多くがサイトのドメイン名に地域名を含めています。

◉ドメイン名に地域名が含まれている例

> **整体 横浜市の整体なら横浜整体院へ-横浜駅近く,整体,体の歪み,椎間板 ...**
> www.yokohama-seitai.com/ ▼
> 横浜で整体をお探しなら横浜整体院にお任せください。横浜駅西口近くにある整体院です。横浜市,整体,神経痛,矯正,肩こり,腰痛などの痛みでお悩みの方、お気軽にご相談下さい。

　あるいは地域名ではなく、メインキーワードをドメイン名に含めているところも統計的に上位表示している傾向が見られます。

◉メインキーワードをドメイン名に含めている例

> **横浜市で腰痛,坐骨神経痛の治療なら横浜整体院へ-横浜駅近く,手足の ...**
> seitai-shinkyu.com/ ▼
> 横浜市にある腰痛,坐骨神経痛治療が得意な横浜整体院です。自律神経失調症,ぎっくり腰,寝違い,ギックリ腰,坐骨神経痛,手足のしびれ,腰痛などの痛みでお悩みの方、お気軽にご相談下さい.
>
> **整体 横浜市の整体なら横浜整体院へ-横浜駅近く,整体,体の歪み,椎間板 ...**
> www.yokohama-seitai.com/ ▼
> 横浜で整体をお探しなら横浜整体院にお任せください。横浜駅西口近くにある整体院です。横浜市,整体,神経痛,矯正,肩こり,腰痛などの痛みでお悩みの方、お気軽にご相談下さい。
>
> **横浜で整体・骨盤矯正を受けるなら【口コミ実績1位】J'sメディカル整...**
> js-seitai.com/ ▼
> 横浜駅徒歩7分のJ'sメディカル整体院です。【満足頂けなかった場合は全額返金保障！】女性の腰痛・肩こり・頭痛などの改善実績が多数。小顔・骨盤・姿勢矯正にも強いと評判の整体院です。施術を受けた97%の方がその日に身体の変化を実感して頂いており ...

　無論それだけで上位表示できるというものではありませんが、新しくドメイン名を取得するときはドメイン名にトップページで上位表示を目指す地域名やメインキーワードを含められるときは含めた方が上位表示にプラスに働くことは確かです。

4-3 ◆ その他のURL

すでにドメイン名を取得してサイトを運営している場合は、ドメイン名以外にもサブドメイン名、ディレクトリ名またはファイル名に目標キーワードを含めると、そうでない場合に比べて若干上位表示に有利に働きます。可能な場合は含めたほうがよいです。

●サブドメイン名の例

```
yokohama.seitai.co.jp
```

●ディレクトリ名の例

```
www.seitai.co.jp/yokohama/index.html
```

●ファイル名の例

```
www.seitai.co.jp/yokohama-koe.html
```

しかし、同じキーワードを1つのWebページのURLに繰り返し入れることはGoogleが作成した「Google General Guidelines」によるとペナルティの対象になるということがわかっているので避けるようにしてください。

4-4 ◆ 会社名・団体名

本章の冒頭でGoogleはName（ビジネス名）、Address（住所）、Phone（電話番号）のNAP情報を重要視していると述べましたが、これは地図検索だけではなく自然検索にも同じことがいえます。会社名や団体名に目標キーワードを含めることができる場合は、それらを含めると上位表示に有利になります。上位表示に有利な会社名・団体名の例は次の通りです。

- 新宿整体院
- 大阪弁護士事務所
- 厚木駅歯科医院
- 杉並インプラントセンター

4-5 ◆ サイト名

　会社名や団体名を途中で変えるのは費用と手間がかかりますが、それに比べるとサイト名は誰でも自由に決めることができるので、現在、目標キーワードが含まれていないサイト名でサイトを開いていて、変更可能な場合は変更するべきです。上位表示に有利なサイト名の例は次の通りです。

- 大阪治療院ナビ
- 名古屋相続相談センター
- 不用品買取EXPRESS福岡店

　ただし、すでに現在のサイト名が広く認知されている場合は、急にサイト名を変更するとこれまでの顧客がサイトを見つけられなくなり、売り上げが激減することがあります。

　こうしたことを避けるためにはサイト名を変更する前に既存客にサイト名変更のお知らせを出すことと、新しいサイト名の下に「旧○○○」というように1年くらいの間は古いサイト名も併記しておくとよいでしょう。

　もう1つ注意すべきことは商標登録の問題です。他社がすでに商標登録をしている名前をサイト名に使うと商標侵害になり賠償金を請求されたり、後でサイト名を変更しなくてはならないことがあります。そうしたことを避けるためには商標登録検索サイト（https://www.j-platpat.inpit.go.jp/web/all/top/BTmTopPage）などでなるべく事前に確認して商標登録をした方が安全です。

4-6 ◆ サービスブランド名

　会社名・団体名も、サイト名も変更することができない場合は、商品名や、サービスブランド名に上位表示を目指すキーワードを含めると上位表示に有利になるので検討する価値があります。上位表示に有利なサービスブランド名の例は次の通りです。

- 沖縄ダイビング倶楽部
- 神戸お取り寄せチーズケーキ
- オーストラリア激安ツアー

4-7 ◆ ページ内テキストリンク

サイト内にあるページから同じサイト内にある別のページにリンクを張るときは、地域名か、地域名を含めたフレーズでリンクを張った方がリンクを張られたページがその地域名を含む複合キーワードで上位表示しやすくなります。

次の図は「新宿駅の家賃相場」のページを「新宿駅 家賃相場」で上位表示をするために「新宿駅の家賃相場」というフレーズでリンクを張っている例です。

●ページ内のテキストリンク

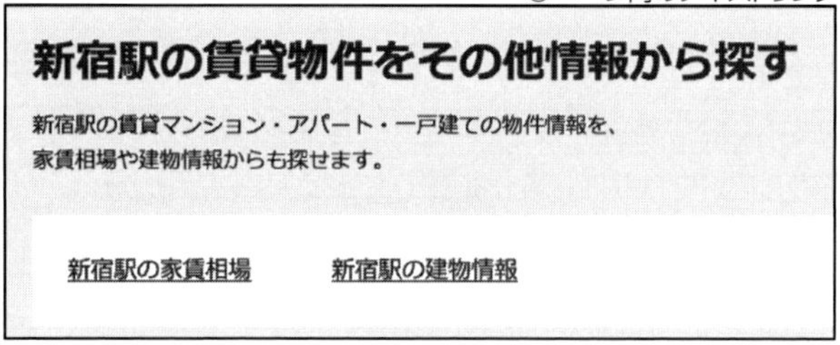

新宿駅の賃貸物件をその他情報から探す

新宿駅の賃貸マンション・アパート・一戸建ての物件情報を、
家賃相場や建物情報からも探せます。

新宿駅の家賃相場　　　新宿駅の建物情報

しかし、このことは一歩間違えると過剰なSEOになってしまい、上位表示しやすくなるどころか、ペナルティを受ける原因にもなります。この手法を講じるときは、ページ内の10%以下のリンクに対して行うようにしてください。

たとえば、1つのページ内にテキストリンクが100箇所あった場合、さまざまな地域名を含めてリンクを張るのはそのうちの10箇所程度にすればユーザーにしつこい印象を与えずに済むので、ユーザーに見やすいサイトの上位表示を目指すGoogleにも悪く評価されにくくなります。

4-8 ◆ アクセスページ

　地域性が高いキーワードや地域名を含んだ複合キーワードで上位表示しているサイトの共通点の1つが、アクセスページがあることと、アクセスページのコンテンツが充実していることです。

　アクセスページとは、そのお店や事業所への道順や手作りの地図、Googleマップの貼り付けや、住所などの所在地のコンテンツがあるページです。アクセスページを徹底して作り込んでいるページには、駅や主要幹線道路からの道順を、途中の建物や風景の写真も添えて掲載しています。また、最近では、動画で撮影してYouTubeにアップしてページに貼り付けているところもあります。

　仮説として考えられるのは、Googleはサイト内にアクセスページがあるかどうか、そしてそこにどれだけ特定の地域に関するローカルコンテンツがあるかをローカルシグナルとして評価しているということです。

大阪市中央区難波4-7-2 南都地所ビルディング大阪(南都銀行) 7F　B7出口すぐ正面：地下鉄難波駅7番出口ではありません
Nanto-chisyo Bldg7F.4-7-2 Namba,Chuo-ku,Osaka-City,Osaka,Japan
TEL：06-6636-3393

なんば校

●地下鉄御堂筋、千日前、四ツ橋線より徒歩約2分
●近鉄難波/JRなんばOCAT(オーキャット)北改札口より約2分
●南海電鉄難波駅中央改札口より徒歩約4分
場所が分からない場合は、お気軽にお合せください。

Google Map

→レッスン風景は、こちら←
→教室紹介は、こちら←

なんばウォークのB7出口(※地下鉄7番出口ではございません)から出てすぐ正面に 南都銀行大阪支店があり左手入り口から入り7Fに当校がございます。地上からの方は、動画案内もございます。大阪高島屋店(南海電車)から北へ進むと千日前筋と御堂筋の難波交差点がありますので サブウェイ近鉄なんばビル店を西(左折)へ少し進んで下さい。
野村證券なんば支店→南都銀行7Fに【アップルk】がございます。

英会話・フランス語・中国語・韓国語などをなんばミナミエリアで、始められたい方は【アップルk】で！皆様のご来校をスタッフ講師一同お待ちしておりますね！

なんばウォーク「B7」出口すぐ正面

(※7番出口ではございませんのでご注意ください)

ローカルシグナルとは、特定のWebサイトやWebページがどの地域の事業体のものかを示すGoogleにとっての手がかりとなる情報のことをいいます。このことはローカルSEOの成功だけではなく、実際の来店率を上げるという成約率アップにも貢献するので、極力、アクセスページを作ることと、そのコンテンツを充実させることを目指してください。

4-9 ◆ Googleマップ情報

　Googleに特定の地域にあることを認識してもらうためにGoogleマップを自社アクセスページに張ったり、全ページのフッターやサイドメニューの一番下に貼り付けているサイトも増えてきています。そうすることによりローカルシグナルを発してGoogleに高く評価してもらうことを目指せます。

　GoogleマップのWebページへの埋め込み方法は下記で詳しく解説されています。

- 他のユーザーとマップやルートを共有する
  URL https://support.google.com/maps/answer/144361?
  co=GENI E.Platform%3DDesktop&hl=ja

4-10 ◆ ローカル性の高いコンテンツ

　特定の地域をテーマにしたローカル性の高いコンテンツをサイト内に増やすことによりGoogleはそうしたページをローカル性の高いキーワードで上位表示するようになります。

　ローカル性の高いコンテンツを増やす手法としては次のようなものがあります。

①その地域の人からの質問に回答するQ&A

　特定の地域の人からの質問に回答するQ&Aを掲載すると、その地域独自のコンテンツを増やすことが可能になります。

②その地域のお客様の声、レビュー

　特定の地域に在住するお客様の声やレビューも、その地域独自のコンテンツを増やすのに役立ちます。

③その地域の相談事例

　短めの相談事例、数百文字の長めの相談事例も、その地域独自のコンテンツとして検索エンジンから評価されやすいです。

④その地域の人とのカウンセリングレポート

　弁護士や税理士などの士業やコンサルタントなどのサイトでは、特定の地域のクライアントと実施したカウンセリング内容を匿名化したカウンセリングレポートを掲載すると、地域独自のコンテンツが増えやすくなります。

　①〜④については、最低でも800文字以上のオリジナル文章を掲載して、できれば画像も載せるようにすると、Googleからの評価を高めることが目指せます。そしてタイトルタグ、メタディスクリプション、H1などの3大エリアと本文には、上位表示を目指す複合キーワードに含まれる地域名をしっかりと書くと上位表示に貢献します。

⑤その地域のマスコミの掲載実績、受賞歴

　強力なローカルシグナルを発するコンテンツの1つが特定の地域の事業者しか掲載されないローカルメディアに掲載されることや特定の地域の事業者しか受賞できない賞を受賞した様子を報告するページを作ることです。

　地域のマスコミに取材を受けたときや自治体や組合などの公共団体から賞を受賞したときは、必ずそのことをサイト内のマスコミ実績ページや受賞歴のページで報告するようにしてください。

⑥その地域の社会貢献活動報告

　特定の地域でのボランティア活動や寄付活動を報告するページも、地域独自のコンテンツになります。

⑦ドメイン内ブログを設置して業務に関する記事を書き、記事内に2、3回地域名を書く

事業所内での出来事を地域名を含めて記事化するとローカルコンテンツが増えていきます。しかし、地域そのものをテーマにした記事を増やすのは危険なので避けるようにしてください。地域そのものをテーマにした記事とは地元の歴史のことだけの記事や、地元のグルメ情報などの記事です。上位表示のためには業務に関する記事を書き、その中に複数回、地域名が書かれているのが理想です。

⑧その地域のお役立ちリンク集

自社サイトが上位表示を目指す地域名にちなんでその地域の人達に役立つと思われるリンク集ページを作ることもローカルシグナルを発するのにプラスになります。

ただし、そうしたリンク集ページが多くなるとテーマが業務のこととかけ離れてしまうので地域のお役立ちリンク集は1ページだけ作る程度にした方が安全です。

以上がローカルシグナルを発して特定の地域のサイトであることをGoogleに強く認識してもらうためのコンテンツの作り方です。工夫次第で競合他社のサイトよりも上位表示するためのローカルコンテンツを増やすことは可能です。

ローカルSEOの外部対策

ローカルSEOの成功をより確かなものにするためには内部対策だけではなく、外部対策もする必要があります。

5-1 ◆ リンク要因

外部対策の1つ目はローカルシグナルが高い別ドメインのサイトからリンクを張ってもらうことです。たとえば、自社サイトが静岡県に所在する事業体が運営するものだということをGoogleに認識してもらうためには、同じ静岡県に所在する事業体が運営するサイトか、静岡県の事業体が運営するサイトばかりを紹介するサイトからリンクを張ってもらうことが上位表示に貢献します。

ローカルシグナルを発するローカル色が高いサイトには、次のようなものがあります。

①地域ポータルサイト

特定の地域のサイトだけを紹介するサイトを見つけてそこに掲載依頼をすると、企業の情報だけではなく、自社サイトにリンクを張ってもらえることがあります。

②地域ごとに分類されたページがある業種別ポータルサイト

飲食店情報や、結婚式情報、不動産情報のような特定の業種を地域ごとに分類して紹介している業種別のポータルサイトに掲載されリンクを張ってもらうことはその地域に所在している事業体であることを証明することになり、それがローカルシグナルだとGoogleに認識されます。

③ローカルニュースサイト

　地域に特化したニュースだけを掲載するニュースサイトに載っていてリンクも張られている場合はかなりの確率でその地域の事業体であることをGoogleに証明することになり、それをGoogleはローカルシグナルとして利用していると思われます。

④ローカル団体サイト

　特定の地域にある事業体しか加盟できないローカルな団体（例：商工会議所、商工会、観光協会）のサイトからのリンクも有効なローカルシグナルを発することになります。

⑤ローカルイベント、ローカルチャリティーサイト

　特定の地域で地域貢献活動をする団体、公共団体に寄付や奉仕をすることにより参加企業一覧のページなどからリンクを張ってもらえることがあります。

⑥その他のローカルサイト

　地元の取引先企業の事例紹介ページに掲載されたり、お客様の声のページに積極的に載るように働きかければローカルシグナルが高いサイトからのリンクを獲得することができます。

　こうしたローカル色が強いサイトからリンクを張ってもらい紹介してもらうことで、より高い確率で地域性が高いキーワードで上位表示できるようになります。

5-2 ◆ 広告要因

　Googleなどの検索エンジンは、検索エンジンやそこからリンクが張られているサイトを閲覧しているユーザーの位置情報を把握しています。そして、特定の地域のユーザーばかりがサイトを見ているのか、あるいはさまざまな地域のユーザーが見ているのかを検索エンジンは知ることができます。

　どのように検索エンジン会社がユーザーの位置情報を推定するのかというと、ネット接続をするたびに発行される「121-80-230-75f1.hyg1.eonet.ne.jp」のようなユーザーの接続IDの中に、この例でいえば「hyg1」という兵庫県を示す文字列が含まれているかどうかです。検索エンジン会社はユーザーの接続IDの中にどのような文字列や数字が含まれると、どの地域を示すかをあらかじめインプットしており、それによってユーザーの位置情報を割り出すようになっています。

　特定の地域のユーザーだけを人為的にそして短期的に増やす方法があります。それは特定のユーザーが閲覧したときだけにネット広告を表示させることです。GoogleやYahoo! JAPANの検索結果上に表示されるリスティング広告や、一般のサイトの広告欄に表示されるディスプレイ広告やターゲティング広告、リターゲティング広告などにそうした機能があります。

　地域性の高いキーワードで上位表示を目指す際に広告予算がある場合は、こうしたメディアに広告費をかけて特定の地域のネットユーザーだけに広告を表示させ、自社サイトに誘導させることも有効な手段です。

　こうした手法を使えば、たとえば、世田谷区内で「インプラント」と検索したときや、どこの地域でも「インプラント　世田谷」で検索したときに自社サイトは世田谷区内からネット接続しているユーザーばかりに見られているということをGoogleに認識してもらうことが可能になります。そしてそれがそのままそれら地域性の高いキーワードでの上位表示に貢献することになります。

5-3 ◆ ソーシャル要因

　特定の地域のユーザーを自社サイトに誘導するもう1つの手段がソーシャルメディアの活用です。地域色が強い投稿をFacebookページ、Twitter、LINE公式アカウントなどのソーシャルメディアに継続的にすることで、その地域の情報に関心が高い地元住民のユーザーが自社サイトを訪れます。そして、そこから一定のローカルシグナルをGoogleが認識して地域性の高いキーワードでの上位表示にプラスに働くようになります。

　以上がローカルシグナルをGoogleに認識してもらい地域性の高いキーワードで上位表示するための内部対策と外部対策です。世の中のほとんどのサイトが実は全国市場を相手にしたものではなく、地元客を集客して成り立っている企業が運営しているものです。

　さらにこれまでWebを活用して集客をしてこなかった企業が本格的にWebサイトを作り、Webマーケティング、SEOを始めるようになってきています。

　だからこそGoogleがどのようにしてローカルシグナルを認識するのか、そのメカニズムを知り、有効な内部対策と外部対策を実施することは企業の業績アップに直接的に貢献する重要なSEO技術になってきています。

全国で上位表示するためのナショナルSEO

6-1 ◆ 全国的に上位表示されているサイトの特徴

　ほとんどの企業は地元客を増やすことにより成り立つローカルビジネスですが、それでも全国市場をターゲットにした企業も一定数あります。こうした企業にとってはローカルSEOの真逆であるナショナルSEO＝全国のネットユーザーに自社サイトを見てもらうためのSEOが重要な課題になります。

　全国どこでも上位表示されているサイトの特徴としては、次のようなものがあることがわかっています。

　　(1)地域性の低いテーマのコンテンツが多い
　　(2)特定の地域に偏らず全国各地をテーマにしたコンテンツが多い
　　(3)全国のユーザーのトラフィックを集めている

　たとえば、「インプラント」という本来地域ビジネスである歯科医院が提供しているサービスを例として見てみましょう。「インプラント」というキーワードで検索したときはその検索ユーザーがいる地域の周辺に所在する歯科医院のサイトばかりが上位表示されるべきです。

　にもかかわらず、全国どこから検索してもローカル色がほとんどないサイトも上位表示しています。これらのサイトはどの地域にいる検索ユーザーにとっても有益であり、見たいであろうとGoogleが推測しているサイトばかりです。

6-2 ◆ 地域性の低いテーマのコンテンツ

　全国のどの地域にいるネットユーザーにとっても有益な情報を提供していると地域性の高いキーワードでも全国的に上位表示できることがあります。

　「インプラント」という歯科医院という地域性の高い事業体が提供しているサービスのキーワードでも検索結果の1ページ目に表示されているサイトがあります。

それは「インプラントの不安：手術前に思う10の本音」(http://www.implant-consultant.com/)というサイトで、東京の歯科医院が運営している情報サイトです。東京の歯科医院が運営しているサイトですが、東京以外の人でインプラント治療を検討している人が手術前に抱くであろう不安を解消するために、わかりやすい図や解説の情報がコンテンツとして提供されています。

こうした全国どこのユーザーにとっても有益な情報ばかりをコンテンツとして提供して、特定の地域色を出さなければ全国的に上位表示されやすくなります。

特定の地域色が出ない地域性の低いテーマのコンテンツとは、全国的に上位表示を目指すキーワードについての情報を総合的に提供しているものであり、具体的には次のようなコンテンツがあります。

（1）上位表示を目指すキーワードに関するQ&Aページ
（2）上位表示を目指すキーワードに関する相談事例ページ
（3）上位表示を目指すキーワードに関するメリットとデメリットの解説
（4）上位表示を目指すキーワードに関することを実行する方法の解説
（5）上位表示を目指すキーワードに関する用語集・豆知識

こうしたものをテーマにしたページばかりのサイトにすることで地域色が出なくなり、全国の人達にとってメリットのある有益なサイトになります。そしてその結果、全国的に上位表示されやすくなるのです。

6-3 ◆ 全国各地をテーマにしたコンテンツ

もう1つ全国どこで検索しても上位表示されやすいサイトがあります。それは全国の事業者を紹介する業種別ポータルサイトです。先ほどの「インプラント」というキーワードで検索すると検索結果の1ページ目に次のサイトが表示されています。

- インプラントネット｜インプラント治療の情報/歯科医院検索

(https://www.implant.ac/)
- 日本口腔インプラント学会

(https://www.shika-implant.org/qa.html)

1つ目のサイトは全国でインプラント治療を提供している歯科医院が検索できるポータルサイトで、2つ目のサイトはこの分野の権威のある学会のサイトであり、全国のインプラント治療を実践する歯科医達が紹介されています。

これらのサイトの共通点は特定の地域の事業体や事業主だけを紹介するのではなく、全国を広く浅く紹介することにより全国の人にとって有益なサイトになっているところです。

6-4 ◆ サイト内から特定の地域を示す言葉を消す

全国どこでも地域性の高いキーワードで上位表示するためのコンテンツ要因についてこれまで解説してきましたが、コンテンツ要因以外にも技術的な要因も重要です。

ローカルSEOで成功するための技術的な要因としては次のようなものがあります。

①全国どこでも上位表示したいページの3大エリアには地域名を書かない

Googleが内部要素として重要視するタイトルタグ、メタディスクリプション、H1（または1行目）には地域名を書かないほうが地域性が高くないと認識してもらいやすくなります。代わりに「全国」という言葉を書くことは全国で上位表示されやすくする有効な手段でもあります。

<title>インプラントネット｜インプラント治療の情報/歯科医院検索</title>

<meta name="Description" content="インプラントに関する治療説明や相談室、全国のインプラント歯科医院検索、Ｑ＆Ａがあります。歯を失ってお困りの方、入れ歯・ブリッジが合わない方は是非「インプラントネット」をご覧下さい。" />

<h1>インプラント治療の理解と普及を目的としたポータルサイト</h1>

②全国どこでも上位表示したいページの本文やヘッダー、フッター、サイドメニューには特定の地域名を何度も書かない

　地域性が高い地域ビジネスのサイトの特徴はWebページ内の随所にその事業体の所在する地域名が書かれていることです。地域色をなくして全国で上位表示されるためには、そうした事業所の所在地の地域名を極力、消していくことが必要です。

③全国どこでも上位表示したいページには特定の地域の画像や動画ばかりを載せない

　Googleが見ているのは文字だけではありません。画像やYouTubeなどの動画も評価対象にしています。画像の周囲に特定の地域名が書かれていたり、画像のALT属性の部分に地域名が書かれており、かつ特定の地域名ばかりが書かれていたら、ローカルシグナルが強いと認識されやすくなります。そして、特定の地域でしか上位表示できないサイトになる恐れが生じます。

　画像だけでなく、動画などをページ上に掲載するときはそうした地域性についても十分に留意をするようにしてください。

④運営者情報のページにだけは運営者の事業体の所在地を書いてもよい

　サイト内のどこにも運営者が所在する地域名が書かれていないのは、提供する情報への責任感が感じられず、信頼性を損ねることになります。

　サイト内には必ず運営者情報を紹介するページを設置し、そのページだけには事業体が所在する地域名を所在地という形で表示するようにしてください。そして、できればそのページには電話番号などの連絡先も表示すれば、ユーザーからの信頼感が上がりやすくなります。

6-5 ◆ 全国のユーザーのトラフィックを集める方法

　全国で上位表示するために最後に必要なのが、実際に全国の人達が自社サイトを訪問していることをGoogleに客観的に認識してもらうことです。

　ローカルSEOのところで説明したように、Googleは検索ユーザーのネット接続IPアドレスからそのユーザーの所在地を認識するようになっています。それを見ることによってGoogleはサイトが特定の地域の人達ばかりが見るローカルなサイトなのか、全国の人達が見るナショナルなサイトなのかを判断します。

　ナショナルなサイトであるということをGoogleに証明するためには、次のようなポイントがあります。

(1)全国各地に所在する事業体が運営するサイトからリンクを張ってもらう

(2)全国どこでも表示されるネット広告を購入して全国からのトラフィックを集める

(3)全国どこにいるソーシャルメディアユーザーにとってもメリットのある情報を自社のソーシャルメディアで発信して自社サイトにリンクを張る

　結局、ナショナルSEOで成功するためにはローカルSEOのまったく逆の対策をすることと、文字通り全国のユーザーからのアクセスを集めるための外部対策を実施することです。

　地域性の高いキーワードで全国どこでも上位表示することは、特定の地域でだけ上位表示されるローカルSEOで成功するよりも何倍もの努力が必要になることがあります。しかし、それが達成されたとき、自社サイトの訪問者は全国に広がり全国マーケットを対象にしたより大きなビジネスの展開が可能になります。

第4章

Googleアップデート

Googleの一番の強みは何か？ それは改善を繰り返すことにより他社の追随を許さない点です。

これはサイトを評価し検索順位を決める検索アルゴリズムのアップデート、つまりGoogleアップデートと呼ばれます。そのGoogleアップデートの1つひとつを理解し、進んでいく方向性を見極めることがSEOで成果を出す道へとつながります。

絶えず改善される検索アルゴリズム

Googleのアルゴリズムの内容は正式には公開されていませんが、熟練したSEO実践者が試行錯誤を繰り返すことや、仲間内で情報交換を活発に行うことで、次々に見破られていくようになりました。特に、ページランクのアルゴリズムは特許情報が公開されていることもあり、多くのSEO実践者が上位表示に効果のある被リンク元の集め方を知ることになりました。

その結果、内容の質が伴わないWebサイトでも上位表示に効果のある被リンク元を集めることによってGoogleの検索結果で上位表示してしまう現象が長年続きました。そして上位表示に効果のある被リンク元を集めることがSEOだという誤った認識が世の中に広まっていきました。

こうした状況を打開し、かつてのような高品質な検索結果ページをユーザーに提供するためにGoogleは2つの大きなアルゴリズムに対するアップデートを実施しました。

 # パンダアップデートの意味

2-1 ◆ パンダアップデートとは?

その1つが2011年から実施されたパンダアップデートというアップデートです。パンダアップデートというのはコンテンツの品質に関する評価を厳しくするためのアップデートです。

パンダアップデートの実施後は次の2つの変化が生じるようになりました。

(1)他のサイトから文章をコピーしただけの独自性の低いコンテンツが多いWebページやそうしたWebページを擁するWebサイトの検索順位が下げられる

(2)同じドメインのサイト内にある他のWebページにあるコンテンツの一部あるいは全部をコピーしているだけの独自性の低いWebページの検索順位が下げられる

これによって安易に他のドメインのWebサイトから情報をコピーしたり、自社サイト内にある文章を他のWebページで使い回すことが上位表示にマイナスになるという認識が広がり、コンテンツの品質に対して注意を払うことが重要な課題になりました。

2-2 ◆ コンテンツの品質

Googleからの評価を高めるためにはコンテンツを増やさなくてはなりません。しかし、ただコンテンツ量を増やすというのではなく、質が高いコンテンツを増やす必要があります。

コンテンツの質には2つの意味があります。

①独自性

1つは文字コンテンツが他のドメインのサイトに書かれていることをコピーしたり、一部だけを改変して見た目だけ独自性があるように見せかけたものであるかどうかです。オリジナルの文字コンテンツであることが上位表示には必要になります。

また、独自性があるかどうかは1つのドメインのサイト内にある他のページと比較したときも必要になります。同じような文章のかたまりが書かれているページがサイト内に多数ある場合、そのサイトの独自性が損なわれてしまいます。

そのためサイト内の1つひとつのページを確認して重複している文字コンテンツがあるかどうかを調べ、重複した文字コンテンツを発見したら重複コンテンツを削除し、それぞれのページに独自の文字コンテンツを追加することが必要になります。

②人気度

ただし、例外もあります。それは他のドメインのサイトにある情報をまとめただけのいわゆる「まとめサイト」が上位表示しているという現象です。

その理由は、独自性が乏しい文字コンテンツでも、さまざまな情報源から情報を探してとりまとめて編集するという付加価値があるからです。Googleはその付加価値を高く評価して検索順位が上昇するようになります。

Googleはコンテンツの質を評価するときにそのページがどれだけのユーザーに閲覧されているかというトラフィックを調べます。そしてトラフィックが多いページは人気があると判断して上位表示させようとします。

独自性がない、あるいは非常に低い文字コンテンツばかりのサイトでも上位表示している事例が稀にあるのはこのことが理由です。

③信頼性

Googleは2017年12月6日に、医学の専門知識があると公的に認定されている企業・団体以外が病名、症状名、薬品などのキーワードで上位表示できないようにアルゴリズムを改変したと公式に発表しました。

- 参考サイト「医療や健康に関連する検索結果の改善について」
  URL https://webmaster-ja.googleblog.com/2017/12/
  for-more-reliable-health- search.html

従来は誰でも病名、症状名、薬品などのキーワードで上位表示が可能でしたが、このアルゴリズムの改変により医学の専門知識があると公的に認定されていないサイトはこれらのキーワードでは上位表示が困難になりました。

また、医療や健康以外の美容、法律、金融などの分野でも、憶測や推測だけで作られたコンテンツは信頼性が低いという理由でGoogleでは上位表示が困難になりました。

憶測や推測だけでコンテンツを作ることを避けて、経験やデータなどの根拠に基づいたコンテンツ作りが強く求められます。

2-3 ◆ コンテンツの人気度

Googleはコンテンツの人気度をどのように測定しているのでしょうか？　これまでGoogleが公式に発表している情報や公開している特許情報から次の要因によってコンテンツの人気度を測定していることがわかっています。

①検索結果上のクリック率

これはGoogleが創業期のころから参考にしているデータで、検索結果上に表示されるWebページのリンクの表示件数とクリック数から算出するクリック率がコンテンツの人気度を推測する重要な指標になっています。検索結果ページ上のどのリンクがどのくらいクリックされるかという非常にシンプルなデータです。

Google以外のサイトであるブログランキングシステムや各種ポータルサイトでも、クリックされればされるほど順位が上がるアルゴリズムを採用しているところが昔からあります。

同じユーザーが短時間に何度も同じWebページをクリックして自社のページの検索順位を引き上げる不正行為を防止するために、Googleは検索ユーザーがネット接続する際のIPアドレスを把握しています。そのため、そうした単純な不正行為は順位アップには効果がないようになっています。

②サイト滞在時間

これはGoogleが無償で提供しているGoogleアナリティクスというアクセス解析ログソフトを見てもわかるように、Googleは検索結果上でクリックされたページにユーザーが何秒間滞在しているか、そしてそのページからサイト内の他のページへのリンクをたどり、どのページを何秒間見ているかをクッキーという技術によって計測しています。

そして、それらユーザーが閲覧した各ページの滞在時間を合計したものが推定サイト滞在時間として計算されてサイトの評価、そのサイトのドメインの評価にも影響を及ぼすことがわかっています。

ページ滞在時間を伸ばすためにはわかりやすい情報を十分な量だけ掲載することが必要です。

　そして、サイト滞在時間を伸ばすためには、検索ユーザーが検索結果ページ上にあるリンクをクリックして訪問したランディングページから関連性の高いページにわかりやすくリンクを張ることが必要になります。

●Googleアナリティクス上に表示されるサイト滞在時間

3 パンダアップデートに耐えるコンテンツ

3-1 ◆ 文字数の多さ

SEOを始めたばかりの人が疑問に思うことの1つは、ページ内にはどのくらい文字を書けば上位表示しやすくなるのかという疑問です。

文字数が多ければ確実に上位表示するというものではありません。あくまでも検索ユーザーが満足するだけの情報量を提供するのがSEO担当者やWebサイト運営者の責務です。しかし、それでも文字数が少ないページのほうが多いページよりも上位表示しにくいことは確かです。

さまざまなページの文字数を計測した結果、概ね次のような目標値が適切だということがわかってきました。

(1)上位表示を目指さないページの文字数は＝500文字以上

(2)上位表示を目指すページの文字数は＝800文字以上

(3)競争率が激しい目標キーワードを設定したページの文字数は＝3800文字以上

ページ内の文字数は肉眼で1つひとつ数えると時間がかかってしまいます。簡単に文字数を数える方法としては文字数をカウントする下記のようなサイトを使うことです。

URL http://www1.odn.ne.jp/megukuma/count.htm

手順としては、カウントしたい文字の部分を次の図のようにマウスで選択して反転表示します。

最高品質コンテンツの重要ポイントは、コンテンツの内容だけではなく、その著者の社会的評価が非常に高かどうかという点です。

結局のところ、コンテンツは「何を書くか？」よりも、それを「誰が書くか？」、そしてそれがどの程度信用のあるサイトに掲載されているかという「どこに？」という点が高品質、最高品質になれるかどうかの基準だということです。

ということは自分の立場を理解してその立場において自分の専門性や経験が活きるコンテンツを書かなくてはならないということになります。

自分が知っていることを書く、あるいは書くために必至に勉強をしたり、経験を積むことが必要だということでもあります。

企業のサイト管理をする人はこの点に気をつけなくてはなりません。
そしてアフィリエイターの方は、実際に自分が利用して体験した商材についてのコンテンツを作る必要があります。

Googleが定義する高品質コンテンツ　＝　個人の経験、または専門知識に基づいて作ったコンテンツ

ということになります。

そしてそれはそのまま一般ユーザーが求めるコンテンツということにもなります。
Googleの仕事は一般ユーザーが求めるコンテンツを検索結果ページの上位に表示することだからです。

以上が、GoogleのGoogle General Guidelines最新版が定義する高品質コンテンツ、最高品質コンテンツの基準です。

これまでは曖昧だったが「質が高いコンテンツとは何か？」という疑問がこれで晴れるはずです。

今後は自社サイトのコンテンツの品質管理をする際にこうした基準を御社も採用して、Googeが評価する質が高いコンテンツ作りを目指して下さい。

　それをコピーして文字数カウントサイトの文字入力欄に貼り付け、カウントボタンをクリックします。そうすると次の図のように文字数が即時に計算されて表示されます。

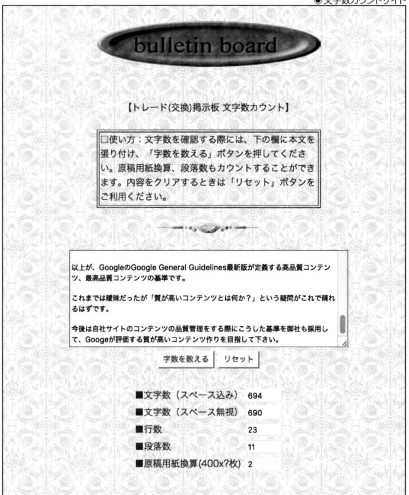

【トレード(交換)掲示板 文字数カウント】

□使い方：文字数を確認する際には、下の欄に本文を張り付け、「字数を数える」ボタンを押してください。原稿用紙換算、段落数もカウントすることができます。内容をクリアするときは「リセット」ボタンをご利用ください。

以上が、GoogleのGoogle General Guidelines最新版が定義する高品質コンテンツ、最高品質コンテンツの基準です。

これまでは曖昧だったが「質が高いコンテンツとは何か？」という疑問がこれで晴れるはずです。

今後は自社サイトのコンテンツの品質管理をする際にこうした基準を御社も採用して、Googeが評価する質が高いコンテンツ作りを目指して下さい。

字数を数える　リセット

■文字数（スペース込み）　694
■文字数（スペース無視）　690
■行数　23
■段落数　11
■原稿用紙換算(400x?枚)　2

　以上がほとんどの業界、目標キーワードで上位表示しているサイトにある各ページの文字数の目安です。

　いくつかの業種においてはそれらよりも2倍かそれ以上文字数がないとなかなか上位表示しにくいということがわかってきました。

それらの業種は次のようになります。

(1)法律業界

(2)医療・健康・美容業界

(3)その他の技術系の業界

なぜこれらの業界のサイトは他の業界のサイトに比べて文字数が2倍かそれ以上書かれている傾向があるのかというと、専門知識がないと理解しにくいテーマを扱っているため、一般の人でも理解できるように丁寧に書かないとメッセージが伝わらないからだと思われます。

こうした業界のWebページの上位表示を目指している場合は次のような目標値になります。

(1)上位表示を目指さないページの文字数は=500文字以上×2=1000文字以上

(2)上位表示を目指すページの文字数は=800文字以上×2=1600文字以上

(3)競争率が激しい目標キーワードを設定したページの文字数は=3800文字以上×2=7600文字以上

3-2 ◆ 独自性

独自性には2つの意味があります。1つはネット上でそのWebページにしか書かれていない情報です。Wikipediaに書かれている情報やその他の著作権で保護されている他人が運営するサイトの情報を無断でコピーすることは法律的だけではなく、SEO的にも許されません。

そうしたことをGoogleが許すと、上位表示をするために手段を選ばない人達が他人のサイトから勝手に情報をコピーして他のドメインにある情報を寄せ集めただけのほとんど無意味なサイトばかりが増えてしまうからです。そうしたことになったらGoogleの検索結果上には無意味なサイトばかりが表示され、Googleはユーザーからの信頼を失うことになります。

もう1つの独自性の意味は、サイト内にあるページに書かれていることを同じサイトの中にある他のページにもコピーしているかどうかです。もしそうしたことをGoogleが許せば、上位表示を有利にするためにページ数を簡単に増やすことができるようになってしまいます。そうなると単にページ数が多いからという理由でGoogleがそうしたサイトを上位表示させてしまい、これもGoogleがユーザーの信頼を失う原因になってしまいます。

　こうした事態を避けるためにGoogleはサイトの独自性については厳しく監視をして、違反するサイトは上位表示できないように罰する必要があるのです。

3-3 ◆ 有益性

　次に重要なのはコンテンツがユーザーにとって有益かどうかです。文字数が多くて独自性が高いコンテンツだからというだけではGoogleは高く評価してくれません。

　Googleが最も高く評価するコンテンツはユーザーにとって役立つページです。ユーザーにとって役立つページというのはページの中にある情報を見ることによって次のようなメリットが得られるものです。

　（1）発見：何らかの気付きが得られる
　（2）学び：何らかのノウハウが得られる
　（3）娯楽：笑いや癒やしが得られる
　（4）感動：感動が得られる

　これらのいずれかが含まれないページは最後まで読んでもらえずに読者が離脱する原因になり、SEOに逆効果、もしくは効果がまったくないという結果をもたらします。

　SEO効果を出すにはこれら4つのうちいずれか1つでも含まれたページを作ることを目指す必要があります。

4 ペンギンアップデートの意味

4-1 ◆ ペンギンアップデートとは？

　2つ目の大きなアップデートがペンギンアップデートと呼ばれるアップデートです。ペンギンアップデートというのは一言でいうとWebサイトの過剰最適化に対してペナルティを与えるアップデートで、2012年から実施されたものです。

　過剰最適化には2つの側面があります。

　(1)上位表示を目指すキーワードをページ内に過剰に詰め込むこと

　(2)外部ドメインからの質が低いリンクを大量に増やすこと

①上位表示を目指すキーワードをWebページ内に過剰に詰め込むこと

　Webページは本来、ユーザーに情報をわかりやすく伝えるためのものです。しかし、その原則を破り、検索エンジンで上位表示することだけを考え上位表示を目指すキーワードを詰め込んだWebページが増えるようになりました。その結果、同じキーワードがむやみに書かれているユーザーにとって見にくいWebページがGoogleで上位表示する現象が増えるようになりました。

　こうしたことが続くとGoogleの検索結果の信用が落ちるため、それを防止するペンギンアップデートが実施されてからはキーワードを過剰に書いたWebページの検索順位が著しく落ちるようになりました。

②外部ドメインからの質が低いリンクを大量に増やすこと

　ペンギンアップデート導入前の時代には、誰も見ないような質の低いWebサイトからのリンクを大量に集めても検索順位が上がるということがよくありました。

　しかし、ペンギンアップデートが実施された2012年からは、そうした形だけのリンクを集めれば集めるほどリンクを張られたWebサイトの評価が下がりペナルティを受け検索順位が下がるようになりました。

つまりGoogleが求めるようになったのは検索順位を上げるためだけの形だけのリンクではなく、実際にユーザーがそのリンクをクリックして訪問してくれる「アクセスが伴った」リンクへと変わったのです。

4-2 ◆ ペンギンアップデート4.0とリアルタイムアップデート

2016年9月23日にGoogleはペンギンアップデート4.0を実施しました。

URL https://webmaster-ja.googleblog.com/2016/09/
penguin-is-now-part-of-our-core.html

Googleの公式な発表によるとペンギンアップデート4.0は次のような特徴があります。

①ペンギンアップデートがリアルタイムになった

従来のペンギンアップデートは手動で実施されており、実施のたびに発表がありましたが、今後はリアルタイムに実施されるため、頻繁にペンギンアップデートが実施され、かつ毎回発表はされないということです。

②サイト全体へのペナルティだけではなく、個別ページへのペナルティも与えるようになった

従来はサイト全体にペナルティが与えられていましたが、今後はサイト全体としては問題がなくても、個別のページに問題があったら、それらのページにペナルティが与えられるということです。

その後、さらにもう1つの非公式な発表がGoogleの技術担当者であるGary Illyes氏によってされました。それは次のような内容です（訳は補足も含め、筆者による）。

『Traditionally, webspam algorithms demoted whole sites. With this one we managed to devalue spam instead of demoting AND it's also more granular AND it's realtime. Once the rollout is complete, I strongly believe many people will be happier, and that makes me happy.』（これまでは、Webスパムのアルゴリズム（ペンギンアップデートなど）はサイト全体の検索順位を下げていました。しかし、今回のペンギンアップデート4.0では検索順位を下げる代わりにスパム行為による効果を減じるようにしました（つまり無視するようにした）。そして同時にサイト全体に影響を与えるのではなく、サイト内の各ページに対して細かく対応し、リアルタイムで実施することにしました。このアップデートが実施された後は、多くの人達がハッピーになり、そのことにより私もハッピーになると強く信じます。）

これは非常に重要な情報です。なぜなら、2012年から実施されたペンギンアップデートでは、不正なリンクを張られたサイトは検索順位を大きく落とされていたからです。そのため、順位を落としたいライバルサイトに故意に不正リンクを張ることで実際に検索順位を落とすという、いわば「いたずら」「テロ行為」が起きており、多くの人達が困っていました。

ペンギンアップデート4.0以降は不正リンクをされたサイトの検索順位は下げられることはなく、単にGoogleは不正リンクを無視することになったのです。

ペンギンアップデート4.0の実施は、2012年以前から不正リンクが張られたために検索順位が落ちているサイトにとってはとてもよいニュースです。そして何よりも過去に過剰なリンク対策をしていたために大幅に検索順位を下げられていたサイトのほとんどが大幅に順位が上昇したのです。

このことだけを考えるとGoogleは不正リンクに対してペナルティを与えることを完全にやめてしまったように思えますが、いまだに不正リンクに関するサポートを続けています。サーチコンソールにはペンギンアップデート4.0実施後も不正リンクの警告が届いているサイト管理者もいます。

ペンギンアップデート4.0が実施されてから時間が経てば、また厳しい不正リンクへのペナルティが何らかの形で復活することが考えられます。そのため、不正リンクの獲得を避けて、良質な被リンクを獲得する必要があります。

ペンギンアップデートに耐えるSEO

5-1 ◆ キーワードの詰め込みをしない

　ペンギンアップデートでペナルティを与えられないようにするためには、Webページ内部に過剰にキーワードを書かないことです。

①同じキーワードをWebページの3大エリア（タイトルタグ、メタディスクリプション、H1）にしつこく書かない

　3大エリアはGoogleやMicrosoft Bingなどの検索エンジンが非常に重視する部分です。そこに過剰に同じ言葉を繰り返して書くと検索順位は著しく落ちることになります。

　過剰でなく、かつ上位表示に効果のある適正な書き方は次のようになります。

（1）タイトルタグ、メタディスクリプションには目標キーワードを2回まで、H1には1回までを目指す

（2）タイトルタグは短めの場合は1回だけ、長めの場合は2回まで

（3）メタディスクリプションは短めの場合は1回だけ、長めの場合は2回まで

（4）H1（1行目）は短くても長くても1回だけ

●良い例

```
<title>横浜の接骨院をお探しなら各種保険対応のスマイルビレッジ横浜市内関内
駅徒歩1分の接骨院</title>
<meta name="description" content="横浜の接骨院なら口コミで評判の、スマイル
ビレッジ。痛み、しびれの治療には自信があります。交通事故後の治療など。各種保
険の適応も可能な接骨院です。" />
<h1>接骨院をお探しなら横浜市関内のスマイルビレッジ</h1>
```

②同じキーワードを本文中に不必要に繰り返して書かない

　Webページ内に目標キーワードをなるべく多く書くことは上位表示にプラスになります。しかし、そこには一定の限度があります。この限度内で目標キーワードをWebページ内に増やすためにはどうすればよいのでしょうか? それはページの上から下までそのページの目標キーワードが万遍なく書かれ比較的均等に分布された書き方をすることです。

　次の図は「腰痛」で検索するとGoogleで1ページ目に表示されるWebページです。

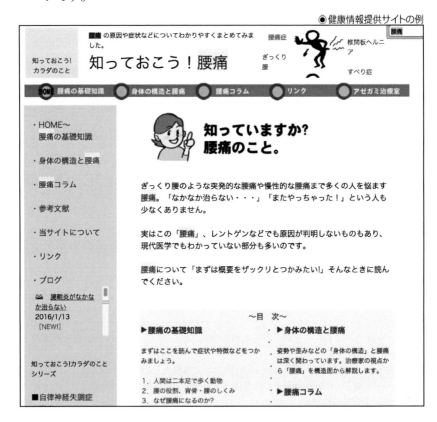

◉健康情報提供サイトの例

　ご覧のようにページの上だけでも、下だけでもなく上から下まで万遍なく目標キーワードである腰痛という言葉が書かれて分布しており、バランスがとれたページになっています。

ページの上ばかりに腰痛が書かれていて下の方にほとんど、あるいはまったく書かれていなければそのページは必ずしも腰痛をテーマにしたものでない可能性が生じます。もしかしたらページの前半は腰痛について書かれていたとしてもページの後半は頭痛など別のテーマについて書かれている可能性があるからです。

　腰痛をテーマにしたページであることをGoogleにしっかりと認識してもらうには、腰痛というキーワードをページの上部、中部、下部に分布させるようにするべきです。

　さらに、このキーワードの分布を突き詰めて研究すると、上位表示しているページほどページの上の方にたくさん目標キーワードが書かれて、ページの中段には少し書かれており、下段にはより少ない数の目標キーワードが書かれている例が多い傾向があります。

◉上位表示しているページに多い逆三角形型のキーワード分布

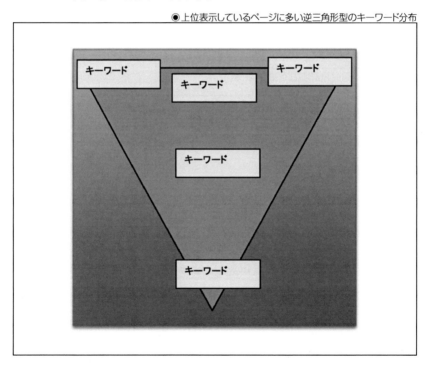

反対に、上位表示していないページや、目標キーワードを書き過ぎてペナルティを受けて順位が落とされたページほど目標ページの上のほうに目標キーワードが少ししか書かれておらず、下の方にたくさん書かれている例が多い傾向にあります。

●上位表示していないページに多い正三角形型のキーワード分布

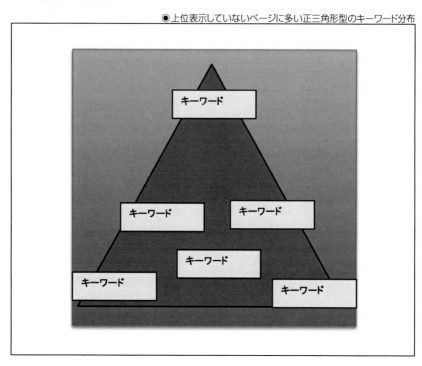

　無論、例外もありますが、上位表示しているページと順位が低いページを比較していくうちに、こうした傾向があることがわかります。

　なぜこのような傾向があるのかというと、1つ考えられるのは、最初から目標キーワードを明確に1つだけ決めてそのキーワードにテーマを絞ったページを作ろうとすると、ページの上の方からしっかりと目標キーワードを書き込もうと人間はするからです。

反対に、もともと複数のテーマが混在したテーマが1つに絞られていない
ページは、検索順位が低い傾向があるので、そのページの検索順位を上
げるために後から目標キーワードを意識的に含めた文章を追加すると、その
ページの中に過剰に目標キーワードが含まれてしまう傾向があるからです。

　こうした理由からキーワード分布の形は不自然な正三角形を避けて、自
然な逆三角形型を目指すようにしてください。

③画像のALT属性やスタイルシートを使った説明部分にキーワードを しつこく書かない

　画像のALT属性部分には画像についての簡単な説明文を書くか、画
像の表面に文字が書かれているときはその文字をそのままALT属性部分
に記述するべきです。

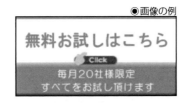

●画像の例

●この画像の表面に書かれている文字をALT属性部分に記述した例

```
<img src="images/10days01_08.png" width="250" height="120" border="0"
alt="無料お試しはこちら毎月20社様限定">
```

　ALT属性を使わずにスタイルシートを使って画像の表面に書かれている
文字を記述することができます。テキストを画像の背景に書いたり、ブラウザ
の画面の外に書くやり方です。

●ソース例

```
display: none; visibility: hidden; text-indent: -9999px;
```

　しかし、Googleは公式サイトにある「品質に関するガイドライン」において、
こうしたやり方を悪用しないように警告しています。

Google　Search Console のヘルプを検索

Search Console ヘルプ

ガイドラインを遵守する 〉 品質に関するガイドライン

隠しテキストと隠しリンク

Google の検索結果でのランキングを操作するためにコンテンツに隠しテキストや隠しリンクを含めることは、偽装行為と見なされることがあり、Google のウェブマスター向けガイドライン（品質に関するガイドライン）への違反にあたります。過剰なキーワードなどのテキストは、次のような方法で隠される場合があります：

- 白の背景で白のテキストを使用する
- テキストを画像の背後に置く
- CSS を使用してテキストを画面の外に配置する
- フォント サイズを 0 に設定する
- 小さな 1 文字（段落中のハイフンなど）のみをリンクにしてリンクを隠す

サイトに隠しテキストや隠しリンクが含まれていないかを判断する際は、ユーザーから見えにくい部分がないか、ユーザーではなく検索エンジンのみを対象としたテキストやリンクがないかを確認します。

　悪用かどうかの境目は、不必要に多くのテキストを隠しているかどうかです。ALT属性の記述のルールと同じように、画像の表面に書かれている文字をそのまま記述するのは問題ありませんが、それ以上の文字をその部分に書くのはユーザーには見えない情報を検索エンジンだけに見せて検索エンジンによる評価を不当に高めようとする不正行為だと見なされるので注意をしなければなりません。

④サイト内のページから他のページにリンクを張るテキストリンク上や画像リンクのALT属性にキーワードを詰め込まない

　サイト内にある他のページにリンクを張るときに上位表示を目指しているキーワードを過剰に詰め込まないようにしてください。たとえば、トップページに戻るためのテキストリンクは通常、「HOME」や「TOP」などというシンプルな文字でリンクを張りますが、トップページを「リフォーム 横浜」で上位表示したいから「リフォーム横浜HOME」や「横浜のリフォームTOP」というのは過剰な最適化になるので注意してください。

⑤同じキーワードをURLに不必要に繰り返さない

　上位表示したいWebページのURLにキーワードが含まれている方がそうでない場合に比べて、若干、上位表示されやすくなります。

　しかし、同じキーワードをWebページのURLに繰り返ししつこく入れることはGoogleが作成した「Google General Guidelines」によるとペナルティの対象になるということがわかっているので避けるようにしてください。

◉良い例

```
www.seitai.co.jp/yokohama/index.html
```

◉悪い例

```
www.seitai.co.jp/seitai-yokohama/seitai01.html
```

5-2 ◆ 質が高い被リンク元だけを集める

　Googleは創業以来、被リンク元が多いサイトは人気があるサイトだと評価して検索順位を引き上げて来ました。しかし、この考え方に限界が生じました。原因は参照という本来の目的ではなく、検索順位を上げるためだけにやみくもに被リンク元の数を増やすという行為が一般化してきたからです。

　つまり、SEO目的のためのリンクを販売する企業や個人が急増し、それを購入するサイト運営者も急増し、SEO目的のリンク市場が世界中に形成されたのです。

　被リンク元の数だけではなく、その質を評価する基準をGoogleは年々増やし、不正なリンク購入の効果は徐々に低下するようになりました。質を評価する基準として代表的なものは次のようになります。

　（1）ページランク
　（2）オーソリティ
　（3）クリックされているか
　（4）自然なリンクかどうか

①ページランク

GoogleはインデックスしたWebページ1つひとつにページランクを付けています。ページランクは2016年3月まで発表していましたが、現在ではその発表を停止しています。しかし、一般には公表していなくても現在でも検索順位算定において使用されているといわれています。

ページランクという数値を活用することで、被リンク元のページランクも考慮されるようになっています。ページランクが低いたくさんのページからリンクを張られているページよりも、少数でもページランクが高いページからリンクを張られている方が上位表示される傾向がGoogleにはあります。

②オーソリティ

次に被リンク元の質を測る指標としては被リンク元サイトのオーソリティ、つまり権威性があります。ある特定の分野で多くのユーザーに支持されている企業や団体のサイトや、たくさんのファンを抱える人気サイトはその分野で権威があるサイトです。

権威があるサイトからリンクを張られているページの方が、そうではないサイトからしかリンクを張られていないページよりも検索順位が高くなる傾向があります。

③クリックされているか

Googleが公開している技術特許の1つに陽性リンクと陰性リンクの判別に関する特許があります。

陽性リンクというのはユーザーにクリックされているリンクのことで、通常、陽性リンクはページ内の比較的目立つ部分にあります。一方、陰性リンクはユーザーにクリックされないリンクのことで、多くの場合、ページ内の目立たない部分にあります。

このGoogleの特許によると陽性リンクは高く評価され、陰性リンクは高く評価されないということです。

US007716225B1

(12) **United States Patent**
Dean et al.

(10) Patent No.: **US 7,716,225 B1**
(45) Date of Patent: **May 11, 2010**

(54) **RANKING DOCUMENTS BASED ON USER BEHAVIOR AND/OR FEATURE DATA**

(75) Inventors: **Jeffrey A. Dean**, Palo Alto, CA (US); **Corin Anderson**, Mountain View, CA (US); **Alexis Battle**, Redwood City, CA (US)

(73) Assignee: **Google Inc.**, Mountain View, CA (US)

(*) Notice: Subject to any disclaimer, the term of this patent is extended or adjusted under 35 U.S.C. 154(b) by 272 days.

(21) Appl. No.: **10/869,057**

(22) Filed: **Jun. 17, 2004**

(51) Int. Cl.
G06F 7/00 (2006.01)
G06F 17/30 (2006.01)

(52) U.S. Cl. **707/748**; 707/751

(58) Field of Classification Search 707/2, 707/3, 999.002, 999.005
See application file for complete search history.

6,539,377	B1	3/2003	Culliss	.... 707/5
6,546,388	B1	4/2003	Edlund et al.	
6,546,389	B1	4/2003	Agrawal et al.	
6,714,929	B1	3/2004	Micaelian et al.	
6,738,764	B2 *	5/2004	Mao et al.	.... 707/5
6,782,390	B2	8/2004	Lee et al.	
6,799,176	B1 *	9/2004	Page	.... 707/5
6,804,659	B1	10/2004	Graham et al.	
6,836,773	B2	12/2004	Tamayo et al.	
6,947,930	B2	9/2005	Anick et al.	
7,007,074	B2	2/2006	Radwin	
7,058,628	B1 *	6/2006	Page	.... 707/5
7,065,524	B1	6/2006	Lee	
7,089,194	B1	8/2006	Berstis et al.	
7,100,111	B2	8/2006	McElfresh et al.	
7,231,399	B1	6/2007	Bem et al.	
7,356,530	B2 *	4/2008	Kim et al.	.... 707/7
7,398,271	B1 *	7/2008	Borkovsky et al.	.... 707/7
7,421,432	B1 *	9/2008	Hoelzle et al.	.... 707/10
7,523,096	B2 *	4/2009	Badros et al.	.... 707/3
7,584,181	B2 *	9/2009	Zeng et al.	.... 707/5

(Continued)

OTHER PUBLICATIONS

Wang et al. "Ranking User's Relevance to a Topic through Link Analysis on Web Logs", WIDM'02, Nov. 8, 2002.*

④自然なリンクかどうか

　自然なリンクのほうが不自然なリンクよりも高く評価され上位表示に貢献します。自然なリンクかどうかを判断する基準をGoogleは多数、持っていますが、次のようなものがあることが明らかになっています。

(1)自然なアンカーテキスト

　アンカーテキスト中に記述された内容は自然でなくてはなりません。アンカーテキストというのは「<a href="http://www.suzuki-koumuten.com">鈴木工務店</a>」というように<a>と</a>の間に記述された「鈴木工務店」というテキスト部分のことをいいます。

　この部分に「鈴木工務店」というアンカーテキストが書かれるのはよく見られる形ですが、この部分に「工務店 神奈川」と入れるのは不自然です。

　なぜなら、通常、人は他人のサイトにリンクを張るときに、サイト名か会社名をアンカーテキストにしてリンクを張るか、URLをそのままアンカーテキストにしてリンクを張るからです。

◉自然なアンカーテキストの例

```
<a href=" http://www.suzuki-koumuten.com">鈴木工務店</a>
<a href=" http://www.suzuki-koumuten.com">http://www.suzuki-koumuten.com</a>
```

◉不自然なアンカーテキストの例

```
<a href=" http://www.suzuki-koumuten.com">工務店 神奈川</a>
```

　にもかかわらず、「工務店 神奈川」と入れてリンクを張るのは、あたかも「工務店 神奈川」というキーワードで上位表示を目指しているかのようです。

　こうした不自然なアンカーテキストが1つ2つ程度あるだけならよいのですが、何十、何百もそのサイトにあれば、それはSEOのためだけのリンク対策をしているのではないかとGoogleに察知されて検索順位は上がりません。それどころか、リンクに関するペナルティを与えられて検索順位が大きく下がる可能性が生じます。

◉被リンク調査ツール「マジェスティック」のデータ

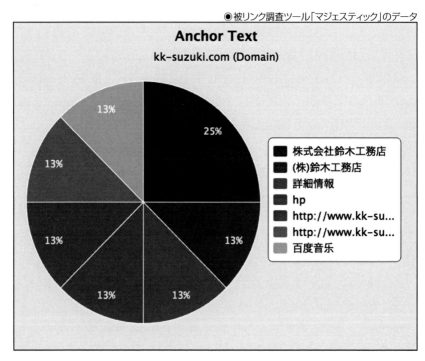

4章|Googleアップデート

162

(2)分散されたドメインエイジ

　2012年以前のGoogleは古いドメイン、つまり使用年数が長いドメインで開かれているWebサイトからのリンクを高く評価していました。そのため、古いドメインのサイトからリンクを張ってもらうことが検索順位アップの近道だった時代があります。その時代には古いドメインのサイトに金銭を支払い自社サイトにリンクを張ってもらうという活動が流行し、当時のSEOは古いドメインからのリンクをいかにたくさん獲得するかという「古いドメインからのリンク獲得=SEO」という風潮がありました。

　しかし、このようなことが続くとGoogleの検索結果は古いドメインからのリンクを要領よく購入したWebサイトばかりが検索結果ページの上位に表示されてしまい、検索エンジンの本来の責務である「ユーザーにとって役に立つサイトの順番にする」というものから程遠いものになってしまうという危機に直面しました。

　こうした状況から脱却するために、Googleはリンクの評価基準を厳格化しました。その成果の1つとして古いドメインからのリンクばかりがされているサイトは不自然だと判断するようになったのです。そして、それ以降は古いドメインのサイトからのリンクばかりではなく、最近、開設された新しいドメインのサイトからもリンクをされないと上位表示されにくくなりました。

　上位表示を目指すサイトにリンクを張るサイトのドメインの古さ、つまり年齢（エイジ）を分散する必要性が生じるようになりました。

(3)分散されたIPアドレス

　分散されなくてはならないのはドメインエイジだけではなく、ドメインが置かれているサーバーのIPアドレスもです。IPアドレスというのは4つのグループから成る数字の組み合わせを「.」（ドット）で区切ったものです。

◉IPアドレスの例

```
115.146.61.18
214.390.949.18
```

IPアドレスは数字の羅列であり、覚えることが困難なため、ドメイン名が考案され、IPアドレスを対応させて覚えやすくするようにしました。

```
182.22.40.240＝http://www.yahoo.co.jp
54.240.248.0＝http://www.amazon.co.jp
```

IPアドレスの数には限りがあり、全国各地にあるレンタルサーバー会社やサーバーを所有している会社・団体にはそれぞれ少数のIPアドレスが割り振られています。

Googleなどの検索エンジンはサイトへのリンクを評価する際にたくさんのドメイン名のサイトからリンクをされているサイトを基本的には高く評価します。しかし、検索エンジンが見ているのはドメイン名だけではなく、ドメイン名と紐付けがされているIPアドレスもです。

1つのIPアドレス、たとえば「182.22.40.240」というIPアドレスに「http://www.aaaaa.co.jp」というドメインだけなく「http://www.bbbbb.co.jp」「http://www.ccccc.co.jp」というように複数のドメイン名を紐付けている場合、「http://www.aaaaa.co.jp」「http://www.bbbbb.co.jp」「http://www.ccccc.co.jp」の3つのドメイン名のサイトからリンクがされていてもそれら3つのドメイン名はすべて182.22.40.240という同じIPアドレスに紐付けがされているので、3つのドメイン名からリンクがされているとはGoogleは評価をしません。IPアドレスが同じだということは同じ運営者が運営しているサイトからのリンクでしかないと判断するからです。検索エンジンが高く評価するのは同じ運営者が運営する複数のサイトからのリンクではなく、複数の運営者のサイトからのリンクです。

理由は、そうすることによって、より多くの企業や人が支持、推薦するサイトが検索結果の上位に表示されやすくなるからです。

こうした理由から、自社サイトの検索順位を上げるためにサーバーを借りてそこに複数の別ドメインのサイトを開き、それらから上位表示を目指す自社サイトにリンクを張るという支持や推薦のためではないリンクを自作自演することは順位アップにはほとんど貢献しなくなりました。

サイト運営者は自作自演の「形だけのリンク」ではなく、他人から紹介をしてもらうための「真実のリンク」を集めなくてはならないのです。

(4)ディープリンクが多いか

　トップページにばかりリンクされるとリンク対策をしていると検索エンジンに認識されるリスクが高まります。真に人気のあるサイトはサイトのトップページへのリンクばかりではなく、サイト内にある有益なコンテンツを掲載しているサブページにもリンクが張られているものです。

　他のドメインからリンクを張るとき、張ってもらうときはトップページへのリンクばかりに偏るのではなく、サブページにリンクを張ってもらうように心がけるべきです。

(5)関連性の高いページからのリンク

　Googleはクリックされるリンクを高く評価しますが、クリックされるリンクというのは関連性が高いページからのリンクであることがほとんどです。

　たとえば、スキーについて書かれているWebページからスキーグッズのネットショップにリンクが張られていれば読者はクリックする可能性が高いでしょうが、どこかの歯科医院のサイトにリンクが張られていたらどうでしょうか？　スキーのコンテンツを求めて訪問してきたユーザーがクリックする可能性は低いはずです。

　クリックされる可能性が高いリンクを集めるためにもリンク先のサイトと関連性の高いページからのリンクを集めるようにしてください。

　以上が自然なリンクかどうかの判断基準の主だったものです。Googleはこうした基準によってリンクが自然かどうかを判断して不自然なリンクであると判断した場合、リンクされたページだけではなく、そのページがあるサイト全体にペナルティを与えることがあります。

　それにより検索順位が著しく下落して企業に多大なダメージを与えることがあります。そうした事態を避けるためにも不自然なリンクをサイトに張る活動は避けなくてはなりません。

　Googleが見ている被リンク元の3つ目の特徴は被リンク元の増加率だということがGoogleの技術特許を分析するとわかります。なぜ、増加率をGoogleが見るのかというと、ペンギンアップデートが実施された2012年以前までのSEOではとにかく被リンク元の数を増やせば検索順位が上がっていた傾向が非常に高かったため、急激に被リンク元が増える理由は過度なSEOをしている証拠になることがあったからです。

　急激に被リンク元が増えること自体には問題はありません。多くのユーザーが見たい情報がサイトに掲載されれば、検索エンジンを通じて多くのユーザーがそのサイトを訪問します。そして、その情報を他の人達にも知ってもらいたいと思ったとき、サイトを管理しているサイト管理者の多くが紹介をするためにそのサイトにリンクを張ることがあるからです。

　ただその場合、単に被リンク元が急激に増えるだけではなく、同時にそのリンクをクリックして訪問するユーザー数も比例して増えるはずです。しかし、SEO目的のためだけにリンクを張った場合、そのリンクをクリックする人はほとんどいません。そのため、たくさんのアクセスが発生することはなく、単に被リンク元の数だけが増えるという結果になります。

　Googleはこのように被リンク数の増加率とそのリンクをたどって訪問したアクセス数を比較しているのです。そして、被リンク数だけが急に増えてそれに伴ってアクセス数が増えない場合は、そのリンクは不正なSEO目的だけのリンクではないかと疑うようになります。

●被リンク元とアクセス数の推移例

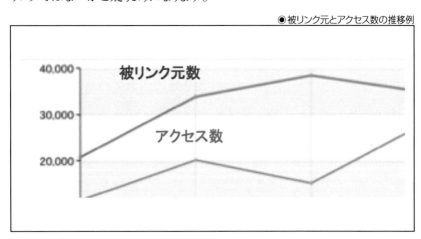

短期間で検索順位を上げるために、まとめてたくさんのサイトからリンクを張ってもらうことが2012年前までには当たり前のように行われていました。一定の料金を払えば多数のリンク集に登録してリンクを張ってくれたり、多くのブログで紹介記事を書いてリンクを張ってくれるというサービスがありました。

そうしたサービスを利用すると、利用したときだけ一気にリンク元の数が増えます。それ以外の時期にはリンク元の数はほとんど増えません。

Googleはこうした特徴を捉えて不正リンクを集めたサイトを見つけ出し、ペナルティを与えるようになった現在、こうしたサービスを使うことは避けなくてはなりません。

6 その他のGoogleアップデート

SEO担当者が必ず知るべきGoogleアップデートはパンダアップデートとペンギンアップデートですが、その他にもGoogleは数々のアップデートを実施してきました。

6-1 ◆ コアアップデート

コアアップデートはコアアルゴリズムアップデートの略で2018年8月にはじめて実施され、2021年6月、7月、11月と立て続けに実施されたアルゴリズムアップデートです。

コアアップデート実施後には主に2つの変化が起きました。1つはクエリ（検索ユーザーが検索したキーワードのこと）と関連性の高いページの検索順位が上がり、関連性の低いページの検索順位が下げられるようになったことです。

この変化に対応するためには、上位表示を目指すページ内に次の2つの対策が有効であるということが、数々の実験と検証の結果明らかになりました。

（1）クエリと関連性のある情報が十分あるかを確認して、少なかったら増やす

（2）クエリと直接、関連性のない情報があったらそれらを削減する

　コアアップデートが実施される前まではクエリと関連性の低いサイトであっても、他の要因の評価が高ければ検索順位が高くなり、関連性が高くても他の要因の評価が低いと上位表示されにくいという矛盾が生じていました。Googleはコアアップデートを実施することにより、検索エンジン本来の役割である「クエリと関連性の高いサイトの検索順位を高くする」ことに成功しました。

　しかし、クエリとの関連性を高めるだけで必ず検索順位が上がるというわけではありません。Googleはコアアップデートの実施後はユーザーが入力したクエリの背景にあるユーザーの検索意図を満たしたページを上位表示させるようになりました。

　検索意図とは検索ユーザーが検索するときにページのコンテンツとして期待するもの、つまり検索ユーザーが見たいコンテンツのことです。たとえば、「ダイエット」というキーワードで検索するユーザーは単にダイエットのことだけが書かれているページならば何でも見たいということはないはずです。ある人はダイエットのサプリメントのコンテンツが見たいかもしれませんし、別の人はダイエットジムを紹介するコンテンツが見たいのかもしれません。

　Googleは検索結果ページ上にあるリンクをクリックしたユーザーがリンク先のサイトにどのくらい滞在してから検索結果ページに戻ってきたのかその時間を測定しているといわれています。それによって間接的にサイト滞在時間を推測することができているといわれています。

- 【参考特許】US10229166B1
「暗黙のユーザーフィードバックに基づいた検索ランキングの修正」
URL https://patents.google.com/patent/US10229166B1/en?oq=US+10%2c229%2c166

サイト滞在時間が長いサイトは検索ユーザーの検索意図を満たしたサイトであり、短いサイトは検索意図を満たしていないサイトであると判断します（検索意図を推測する方法については『SEO検定　公式テキスト　3級』を参照してください）。

　下図はコアアップデートにより検索順位が落ちてGoogleからのアクセス数が減少したサイトがクエリとの関連性を高め、検索意図を満たす対策を実施し、アクセス数を回復したことがわかる検索パフォーマンスのデータです。

●サーチコンソール内の「検索パフォーマンス」データ

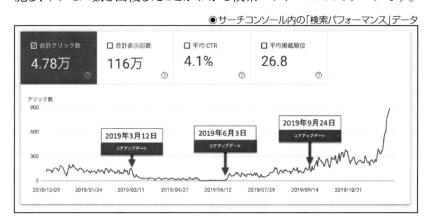

　ご覧のようにコアアップデートが実施された2019年3月12日にGoogleの検索結果ページからのアクセス数が激減し、6月3日と9月24日に実施された後に順位が回復していることがわかります。

　このサイトの運営者はアクセス数が激減した3月12日以降に検索順位が落ちたページと上位表示を目指すクエリとの関連性、そしてその背景にあるユーザーの検索意図を調べました。

　その後、すぐに関連性を高め、かつ検索意図を満たすページに改善したところ見事に検索順位を回復しました。

　このように検索ユーザーが検索するクエリとの関連性を高め、その背景にある検索意図を満たすようにページを改善すれば、検索ユーザーからの評価が高まります。そして、そのことを認識したGoogleからの評価も高まり検索順位の改善が目指せます。

コアアップデート実施による2つ目の変化は信頼性の高いページの検索順位が上がり、信頼性の低いページの順位が下げられるようになったことです。

この背景には、誤った情報が掲載されているページの検索順位を下げることによりGoogleが検索ユーザーを保護しようという意図があります。

コアアップデート実施以前には誤った情報が掲載されているページでも他の要因が評価されれば検索順位が高くなるという現象が多々見られていました。

しかし、今日のGoogleは大手のマスメディアと同等、あるいはそれ以上の社会的影響力のある企業に成長したため、社会から求められる情報の正確性という要求を無視するわけにはいかなくなりました。

Googleが発表した「Googleのコアアップデートについてサイト所有者が知っておくべきこと」(https://developers.google.com/search/blog/2019/08/core-updates?hl=ja)などの公式情報によるとGoogleはページの信頼性を評価する際にさまざまな点をチェックしています。主なものとしては次の点があることがわかってきました。

(1)ページ内に書かれているコンテンツの著者がそのコンテンツを書くに値する経験や資格を持っているか?
(2)ページ内に書かれている事柄が事実か?
(3)ページが属するサイトの運営者が信頼できるか?

Googleで上位表示をするにはこれまで以上に信頼できる情報を発信する継続的努力が強く求められるようになりました。

6-2 ◆ ページエクスペリエンスアップデート

Googleは2021年9月にページエクスペリエンスアップデートという新しいアルゴリズムを導入しました。

このアルゴリズムアップデートはGoogleがそれまでに研究してきたページエクスペリエンスシグナルという新しいサイト評価技術をモバイル版Googleの検索順位決定要因として使用するものです（PC版Googleへの使用はその後、2022年に実施される予定です）。

ページエクスペリエンスシグナルとは、昨今Web業界、IT業界などでいわれているユーザーエクスペリエンス（UX＝ユーザー体験）の向上をWebページに当てはめたもので、ユーザーエクスペリエンスの良いWebページは検索で上位表示させ、悪いものは順位を下げるための評価技術のことです。

- 【出典】ページエクスペリエンスのGoogle検索結果への影響について
  URL https://developers.google.com/search/docs/
  guides/page-experience

従来はWebページのユーザー体験が良いか悪いかは主観的な意見としてでしか述べることができませんでしたが、Googleはページエクスペリエンスシグナルという「ページのユーザー体験の良し悪しを判断するための信号」を考案して1つひとつを数値化することに成功しました。

これらの数値をサイト運営者がわかるようにするためにGoogleは2021年にサーチコンソールに新機能として「ページエクスペリエンス」と「ウェブに関する主な指標」を追加しました。

これらの数値を見ることによりユーザー体験の改善がどこまで進捗しているかを他者と共有することが可能になり、主観的な評価が客観的になったためユーザー体験改善の取組がしやすくなりました。

ページエクスペリエンスシグナルは次の6つの要素から構成されます。

①読み込みパフォーマンス（LCP）

読み込みパフォーマンスはLargest Contentful Paint（LCP）と呼ばれるもので、ユーザーが1つのWebページにアクセスしたときにそのページが表示され終わったと感じるタイミングを表す指標です。最も有意義なコンテンツというのは画像、動画、テキストなどの要素です。

②インタラクティブ性（FID）

　インタラクティブ性はFirst Input Delay（FID：初回入力遅延）と呼ばれるもので、ユーザーが1つのWebページ上で何らかの動作を行ったときに、それが実行されるまでどれだけ待つかを表す指標です。

③視覚的安定性（CLS）

　視覚的安定性はCumulative Layout Shift（CLS）と呼ばれるもので、ユーザーが1つのWebページにアクセスした時にページ内のレイアウトのずれがどれだけ発生しているかを表す指標です。

④モバイルフレンドリー

　モバイルフレンドリーはWebサイトがモバイル端末で閲覧がしやすいことをいいます。Webサイトがどれだけモバイルフレンドリーなのか、問題点はどこにあるのかはサーチコンソールの「モバイルユーザビリティ」を見ることによりわかります。

●モバイルユーザビリティ

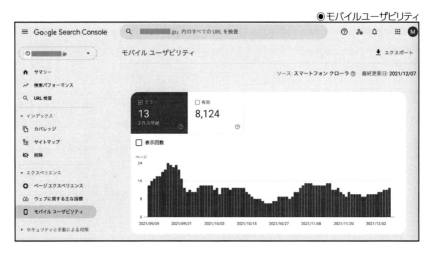

⑤HTTPSセキュリティ

　HTTPSセキュリティはユーザーがウェブページをサーバーから自分のデバイスにダウンロードするときに他人にその内容を盗み見されたり、改ざんされないようにデータを暗号化するための技術のことです。

サイト内のすべてのページをHTTPS化することにより、すべてのページのURLの先頭に「https://」という文字列が表示されるようになります。そうするとユーザーが使っているブラウザの上部にあるURL表示欄には鍵の印が表示されるようになりユーザーに安心感を与えることが可能になります。

　実際にサイト内のすべてのページをHTTPS化することはサイトのセキュリティを強化することになり、ユーザーがWebサイトを安全に閲覧することが可能になります。

　HTTPS化するにはSSL証明書が必要になります。従来はSSL証明書を入手するには高額な初期費用と年間の維持費がかかっていました。しかし最近では多くのサーバー会社が無料のSSL証明書を発行しその使用をサポートしてくれるようになってきました。

　こうした環境が整ってきたこととGoogleが何度にもわたってサイト内の全ページのHTTPS化を勧告していることからもサイトのHTTPS化はもはや常識といってよい時代になりました。未対応のサイトは早急に対応してサイトの信頼性を高めなければなりません。

- 【参考】HTTPSページが優先的にインデックスに登録されるようになります

  URL https://developers.google.com/search/blog/
  2016/08/promote-your-local-businesses-reviews?hl=ja

⑥煩わしいインタースティシャルがない

　インタースティシャルとはWebページをユーザーが見ようとすると画面いっぱいに表示されるメッセージや広告のことをいいます。

　ページ内の主要な要素はあくまでメインコンテンツです。検索ユーザーが検索する理由は自分が見たい情報があるページ内のメインコンテンツ部分です。サイト運営者がそのことを無視して、ユーザーに見せたいメッセージや広告を強引に表示してメインコンテンツを見えにくくすることはユーザー体験を悪化させる原因になります。

　Googleの公式サイトでは次のようなインタースティシャルがユーザーにとって煩わしいものであるため使用を避けるように勧告しています。

煩わしいポップアップの例　　煩わしいスタンドアロン　　煩わしいスタンドアロン
　　　　　　　　　　　　　　インタースティシャルの例 1　インタースティシャルの例 2

- 【出典】モバイルユーザーが簡単にコンテンツにアクセスできるように
  する

  URL https://developers.google.com/search/blog/
  2016/08/helping-users-easily-access-content-on?hl=ja

　これらはいずれもユーザーがWebページを閲覧する上でどうしても必要な
ものというよりは、サイト運営者が自己の目的を達成するために他のページ
にユーザーを誘導する手段でしかありません。

　一方、Googleは次のようなインタースティシャルはユーザーがWebページ
を閲覧する上で必要なものだと判断し、その使用を許しているものです。

◉ 責任を持って使用することで、ページエクスペリエンスシグナルの影響を受けないインタースティシャルの例

Cookie の使用に関する　　年齢確認のインタースティ　画面スペースから見て妥当
インタースティシャルの例　シャルの例　　　　　　　　な大きさのバナーの例

インタースティシャルを使用するときは、それがページにアクセスするユーザーにとって真に必要なものかを考え、ユーザー体験の低下を避けなければなりません。

- 【参考】モバイルユーザーが簡単にコンテンツにアクセスできるようにする

  URL https://developers.google.com/search/blog/
  2016/08/helping-users-easily-access-content-on?hl=ja

以上が現時点でGoogleが提唱するページエクスペリエンスシグナルの6つの要素です。今後もGoogleはユーザー体験の高いページを上位表示させるためにこれら1つひとつの評価方式を厳しくしていくことと、他の要素を追加していくことが予想されます。

6-3 ◆ ウェブに関する主な指標

Googleはページエクスペリエンスシグナルの6つの要素の1つ目から3つ目の要素である次の3つを「ウェブに関する主な指標」(Core Web Vitals)と呼び、サイトへの対応状況をサーチコンソール内の「ウェブに関する主な指標」というページでサイト運営者にわかりやすく示しています。

(1)読み込みパフォーマンス(LCP)

(2)インタラクティブ性(FID)

(3)視覚的安定性(CLS)

PageSpeed Insightsでは1度に1つのページだけしか測定できませんが、サーチコンソールの「ウェブに関する主な指標」を見るとモバイルサイト内とPCサイト内のどのページに読み込みパフォーマンス(LCP)、インタラクティブ性(FID)、視覚的安定性(CLS)の問題があるのかを知ることができます。

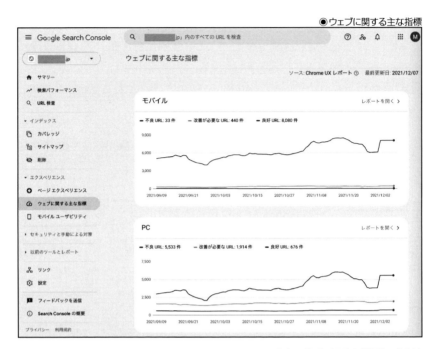

●ウェブに関する主な指標（モバイル）

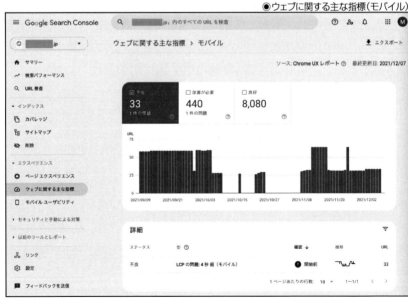

「ウェブに関する主な指標」の意味を知り、その改善策を知ることがサイト運営者に求められるようになりました。

①読み込みパフォーマンス（LCP）

読み込みパフォーマンスはLargest Contentful Paint（LCP）と呼ばれるもので、ユーザーが1つのWebページにアクセスしたときにそのページが表示され終わったと感じるタイミングを表す指標です。最も有意義なコンテンツというのは画像、動画、テキストなどの要素です。

この指標をGoogleが導入した理由はユーザーが1つのWebページを見るのに待つ時間が長くなるとストレスになるからです。閲覧するのにストレスの少ないページを上位表示させることによりGoogleという1つの検索サイトのユーザー体験を高めようとするものです。

●LCPのイメージ図

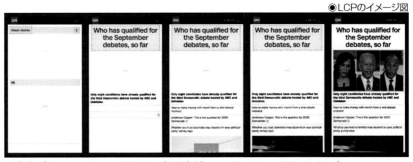

※出典：「Largest Contentful Paint（LCP）」（https://web.dev/i18n/ja/lcp/）

LCPの目標値はWebページが最初に読み込まれてから2.5秒以下と公表されています。サイトにある各ページのLCPのスコアはPageSpeed Insightsで調べるとわかります。

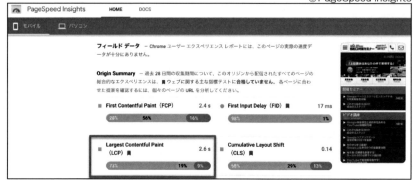

LCPが悪化する理由には次の4つの要因があります。

（1）サーバーの応答時間が遅い

（2）JavaScriptとCSSがレンダリングをブロックする

（3）リソースの読み込み速度が遅い

（4）クライアント側のレンダリングが遅い

　レンダリングとは何らかの抽象的なデータ集合をもとに、一定の処理や演算を行って画像や映像、音声などを生成することをいいます。この場合は、ブラウザにテキストや画像などのコンテンツを描画することを意味します。リソースとは資源という意味で、Webにおいては、Webサイトを構成するテキストファイル、画像ファイルなどのことです。

　LCPを改善するには、次のような対策があります。

（1）「サーバーの応答時間が遅い」への対策

　この問題に対しては次のような対策があります。

- サーバーを最適化する
- ユーザーを近くのCDNにルーティングする
- アセットをキャッシュする
- HTMLページをキャッシュファーストで配信する
- サードパーティの接続を早期に確立する
- Signed Exchange（SXG）を使用する

CDNとはコンテンツ配信ネットワークの略でさまざまな場所に分散された
サーバーのネットワークです。Webページのコンテンツが単一のサーバーで
ホストされている場合、ブラウザの要求は文字通り世界中を移動する必要
があるため、地理的に離れた場所にいるユーザーのWebサイトの読み込み
は遅くなります。ユーザーが遠く離れたサーバーへのネットワーク要求を待た
なくても済むように、CDNの使用をすることが普及しています。

キャッシュとはブラウザが一度表示したファイルのデータを一時的に保存
しておいて、次に同じファイルが必要になったときに、一度目より素早く表示
する仕組みのことです。

Signed Exchange(SXG)とは、簡単にキャッシュが出来る形式でコンテ
ンツを配信することにより、より高速なユーザー体験を可能にする配信メカニ
ズムのことを指します。

(2)「JavaScriptとCSSがレンダリングをブロックする」への対策
この問題に対しては次のような対策があります。
- CSSのブロック時間を短縮する
- CSSを圧縮する
- 重要でないCSS を先送りする
- クリティカルCSS をインライン化する
- JavaScriptのブロック時間を短縮する

(3)「リソースの読み込み速度が遅い」への対策
この問題に対しては次のような対策があります。
- 画像を最適化して圧縮する
- 重要なリソースを事前に読み込む
- テキストファイルを圧縮する
- ネットワーク接続の状況に応じて異なるアセットを配信する(アダプ
  ティブサービング)
- Service Workerを使用してアセットをキャッシュする

Service Workerとは、Webページのバックグラウンドで動くもう1つの JavaScript環境です。Service Workerが一度WebページからインストールされるとWebページとは独立したライフサイクルの中で動作するものです。

(4)「クライアント側のレンダリングが遅い」への対策

この問題に対しては次のような対策があります。

- 重要なJavaScriptを圧縮する
- サーバーサイドでレンダリングを行う
- 事前レンダリングを行う

- 【出典】Largest Contentful Paintを最適化する
  URL https://web.dev/optimize-lcp/

②インタラクティブ性（FID）

インタラクティブ性はFirst Input Delay（FID：初回入力遅延）と呼ばれるもので、ユーザーが1つのWebページ上で何らかの動作を行ったときに、それが実行されるまでどれだけ待つかを表す指標です。

この指標をGoogleが導入した理由は、ユーザーが何らかの動作をWebページ上で行った時にユーザーが予想する以上に待たなくてはならないと、そのページのユーザー体験は良好だとはいえなくなります。そうしたユーザー体験が良好ではないWebページの管理者に改善を促すためのものです。

●FIDのイメージ図

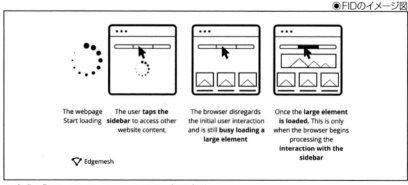

The webpage
Start loading

The user **taps the sidebar** to access other website content.

The browser disregards the initial user interaction and is still **busy loading a large element**

Once the **large element is loaded**. This is only when the browser begins processing the **interaction with the sidebar**

Edgemesh

※出典：「What Is First Input Delay（FID）?」
（https://edgemesh.com/blog/what-is-first-input-delay-fid）

FIDの目標値は100ミリ秒以下と公表されています。サイトにある各ページのFIDのスコアもPageSpeed Insightsで調べるとわかります。

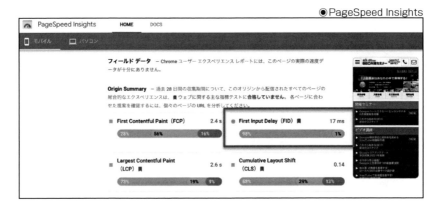

FIDの数値を改善するには次のような対策があります。

（1）サードパーティコードの影響を軽減

　第三者が提供するコードをそのまま使うのでなく自社で最適化することを検討しましょう。ページ内に第三者が提供するツールやプラグインなどのサードパーティコードを埋め込んでいる場合、それをサーバー間で呼び出すのに余計な時間がかかり、ユーザーの操作性に影響を与えることがあります。

（2）JavaScriptの実行時間を短縮

　長いタスクを分割することを検討しましょう。JavaScriptのソースコード内に余計なソースコードが含まれている場合、実行に余計な時間がかかることがあります。JavaScriptに精通しているエンジニアに相談してJavaScriptの実行時間を短縮することが可能かを調べ、可能な場合は実行時間を短縮するための調整をすべきです。

（3）メインスレッドの作業を最小限に抑える

　メインスレッドの作業を最小限に抑えることがFIDの短縮につながることがあります。

このことに関する技術的な詳細は下記を参照してください。

URL https://developer.chrome.com/docs/devtools/
speed/get-started/

(4)リクエスト数を低く保ち、転送サイズを小さくする

サーバーへのリクエスト数を少なくして、転送サイズを小さくすることにより
FIDが短縮することがあります。

このことに関する技術的な詳細は下記を参照してください。

URL https://web.dev/resource-summary/

FIDの問題が発生しやすいケースとしては、次の場合などがあります。

- JavaScriptのライブラリを使っている場合
- WordPressなどのCMSにプラグインを使用している場合

ライブラリやプラグインは豊富な数があり、入手が容易なため、とても便利
です。しかし、それらの中身について何も知らないまま使用するとユーザー
体験が悪化するリスクが生じます。

利用しようとするライブラリやプラグインの評判を定期的にチェックして問
題の発生を防ぐことを心がけましょう。

- 【出典】First Input Delayを最適化する
  URL https://web.dev/optimize-fid/

③視覚的安定性(CLS)

視覚的安定性はCumulative Layout Shift(CLS)と呼ばれるもので、
ユーザーが1つのWebページにアクセスしたときにページ内のレイアウトのず
れがどれだけ発生しているかを表す指標です。

この指標をGoogleが導入した理由はレイアウトのずれが頻繁に起きる
ページはユーザーにとって良好なユーザー体験を提供できていないため、
サイト運営者に対して改善を促すためのものです。

CLSの目標値は0.1以下と公表されています。サイトにある各ページの
CLSのスコアもPageSpeed Insightsで調べるとわかります。

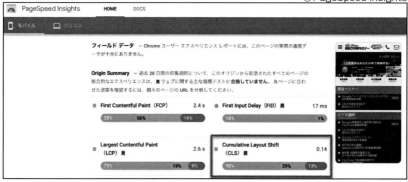

CLSが悪化する理由には次の5つの要因があります。

（1）サイズが指定されていない画像

（2）サイズが指定されていない広告、埋め込み要素、iframe

（3）動的に挿入されたコンテンツ

（4）FOIT/FOUTの原因となるWebフォント

（5）ネットワークの応答を待ってからDOMを更新するアクション

CLSを改善するには次の対策があります。

（1）サイズが指定されていない画像

　画像要素には、常にサイズ属性のwidthとheightを設定しましょう。または、CSSアスペクト比ボックスでそれらの表示に必要なスペースを予約しましょう。この方法により、画像の読み込み中にブラウザがドキュメントに正しい量のスペースを割り当てることが可能になり視覚的安定性を持つことができるようになります。

●ページ上部に配置された画像のサイズ指定が無いためにレイアウトのずれが起きている例

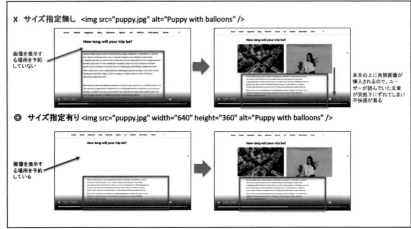

(2)サイズが指定されていない広告、埋め込み要素、iframe

画像要素と同様の対策を行います。

●ページ上部に配置された広告のサイズ指定がないためにレイアウトのずれが起きている例

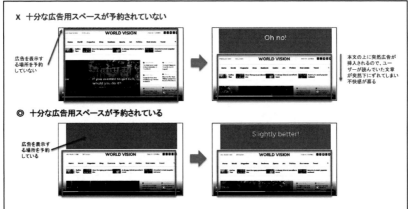

◉ページ上部に配置された埋め込み要素のサイズ指定がないためにレイアウトのずれが起きている例

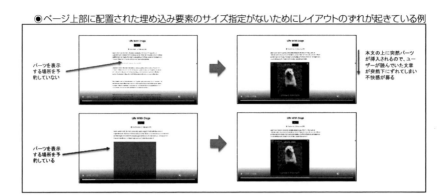

(3)動的に挿入されたコンテンツ

画像要素と同様の対策を行います。

◉ページ上部に配置された動的なコンテンツのサイズ指定がないためにレイアウトのずれが起きている例

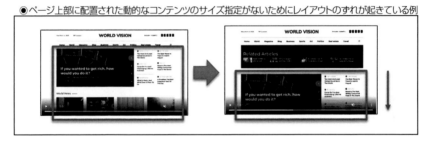

(4)FOIT/FOUTの原因となるWebフォント

Webフォントのダウンロードとレンダリングが行われる際に、次の2つのパターンでレイアウトシフトが発生する可能性があります。

- フォールバックフォントが新しいフォントと入れ替わる場合(FOUT:スタイルが設定されていないテキストの瞬間的表示。Flash of unstyled textの略)
- 新しいフォントのレンダリングが完了するまでの間、"非表示"のテキストが表示される場合(FOIT:非表示テキストの瞬間的表示。Flash of invisible textの略)

これらの問題を防ぐためにCSSプロパティのfont-displayやHTMLでWebフォントのレンダリングサイクルを最適化しましょう。

（5）ネットワークの応答を待ってからDOMを更新するアクション

　DOMの改善はLighthouseという診断ツールを使うとヒントが得られます。

　DOM（ドム）とはDocument Object Modelの略で、JavaScriptからHTMLを動的に変更することが可能になる技術のことです。

　Gmailでメールが来たら再読み込みなくリアルタイムでメールの表示が増えたり、チャットワークで画面にチャットボックスが出てくるのもDOMという技術を使い実現されています（出典：https://amsstudio.jp/news/2021/03/dom.html）。

- 【出典】Cumulative Layout Shift を最適化する
  URL https://web.dev/optimize-cls/

　以上が「ウェブに関する主な指標」（Core Web Vitals）である「①読み込みパフォーマンス（LCP）」「②インタラクティブ性（FID）」「③視覚的安定性（CLS）」の数値を悪化させる原因とその改善策の概要です。

　これらの改善策の詳細は海外の有名なweb.devという技術情報サイトで詳しく解説されています。

　URL https://web.dev/optimize-lcp/
　URL https://web.dev/optimize-fid/
　URL https://web.dev/optimize-cls/

　Web制作の知識がある場合はこのサイトで解説されている改善策を試し、ない場合は社内外の専門家に相談をしてできる限り改善に取り組むことが求められます。

6-4 ◆ BERTアップデート

Googleは2019年10月25日にBERTという技術を導入することによって人工知能の活用を強化し、さらに検索の精度を向上させたという発表をしました。このアルゴリズムアップデートにGoogleは特に名称を付けませんでしたが、SEOの業界では広く「BERTアップデート」と呼ばれるようになりました。

- 【参考】Understanding searches better than ever before
  URL https://blog.google/products/search/
  search-language-understanding-bert

この発表を要約すると次のようになります。

（1）既存の文書解析技術では検索ユーザーが探しているWebページを上位表示させるのには限界がある。

（2）その限界を突破するために今回BERT技術という人工知能を導入した。

（3）ソフトウェアのアップグレードでは処理能力に限界があるので、ハードウェアをアップグレードするために新型サーバーのCloud TPUを導入した。

Cloud TPUというのはGoogleが独自開発した、翻訳、フォト、検索、アシスタント、GmailなどのGoogleサービスを強化するカスタム設計の機械学習ASICです。Googleの公式サイトによると「そのカスタム高速ネットワークは、1つのポッドで100PFLOPS以上のパフォーマンスを発揮します。ビジネスを変革し、次の研究のブレークスルーを生み出すのに十分な計算能力を備えています」という非常にパワフルな人工知能実行デバイスです。

Googleは検索サイトの質を高め最高のサービスをユーザーに提供するため、ソフトウェアだけでなくハードウェアまで独自開発するようになりました。サイト運営者は自サイトの質を限りなく高める必要に迫られています。

Cloud TPU v2

180 TFLOPS

64 GB High Bandwidth Memory（HBM）

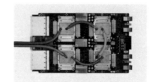

Cloud TPU v3

420 TFLOPS

128 GB HBM

Cloud TPU v2 Pod

11.5 PFLOPS

Cloud TPU v3 Pod

100 PFLOPS 以上

6-5 ◆ ローカル検索アップデート

　Googleは2019年12月3日に、地図検索のアルゴリズムアップデートを11月の初旬に実施したことを公式に発表しました。このアップデートの正式名は「November 2019 Local Search Update」（2019年11月ローカル検索アップデート）と名付けられました。

　同社の公式発表によると、ローカル検索結果の順位を決めるためにニューラルマッチングの利用を開始し、ニューラルマッチングの導入によって単語がどのように概念に関連しているのかをより理解できるようになるとのことです。ニューラルマッチングはGoogleが2018年から使い始めた人工知能をベースにしたシステムで、単語がどのようにその背景にある概念に関連しているのかを理解するもののことで、ちょうど巨大な類義語辞典のようなものだと説明しています。

- 【参考】Google SearchLiaison
  URL https://twitter.com/searchliaison/status/
  1201549327144898567

実際に、それまでGoogleの通常の検索結果ページ内に3件まで表示される地図欄に急に表示されるようになったり、表示されなくなったりと順位変動が多数確認されました。

●ローカル検索アップデート後の「整体　池袋」と「整体　博多」検索結果

　Googleは自然検索の検索順位を決める方法をコアアップデートなどによって改善してきましたが、地図検索の順位の決め方は比較的進歩が遅れていました。Googleはこの問題を解決するためにローカル検索アップデートを実施して、ニューラルマッチングという新しいアルゴリズムを導入しました。それによって検索ユーザーが入力したクエリとの関連性が高いビジネスが上位表示されやすくなりました。

　ニューラルマッチングは「ちょうど巨大な類義語辞典のようなもの」だということですが、たとえば「整体　渋谷」で検索したとき従来はGoogleビジネスプロフィールのビジネス名やビジネスの紹介文、あるいはレビューの文章やそれに対する返信の文章の中に「整体」という単語が書かれていたほうが上位表示されやすい傾向がありましたが、「整体」という単語の意味に近い「整骨」や「鍼灸」などの関連性が高い単語が書かれていれば上位表示しやすくなったということが考えられます。

　これにより、これまで「整体」という言葉をたまたま書いていて「整体　渋谷」で順位が上がっていたビジネスがその既得権を失い順位が下がり、代わりに「整体」という言葉を書いていなくてもその類義語を書いていたビジネスの順位が上がったという事例が多数見られるようになりました。

このローカル検索アップデートに対応するためには、自社のGoogleビジネスプロフィールにユーザーが興味を抱くコンテンツを継続的に投稿することがこれまで以上に重要になりました。

6-6 ◆ 医療アップデート

Googleは2017年12月6日に、医学の専門知識があると公的に認定されている企業・団体以外が病名、症状名、薬品などのキーワードで上位表示できないようにアルゴリズムを改変したと公式に発表しました。

- 【参考サイト】医療や健康に関連する検索結果の改善について
  URL https://webmaster-ja.googleblog.com/2017/12/
  for-more-reliable-health- search.html

Googleはこのアルゴリズムアップデートには正式な名称を付けませんでしたが、一般に「医療アップデート」と呼ばれるようになりました。

医療アップデート実施前までは独自性があり、人気度が高いサイトが病名、症状名、薬品などのキーワードで上位表示されているケースが多数ありました。

しかし、医療アップデート実施後は信頼性の低いサイトの検索順位が下げられ、それまで上位表示していた有名サイトの多くが閉鎖を余儀なくされました。その日以来、病名、症状名、薬品などのキーワードで上位表示するには信頼性という新しい基準を満たす必要が生じました。

医療や健康に関するコンテンツの信頼性を高めるにはコンテンツの著者、またはサイト運営者にそのコンテンツを書くに値する、次のいずれかが必要になりました。

(1)国家資格があること

(2)国からの許認可が与えられていること

(3)その他、客観的に証明できる能力があること

Googleがこうした厳しい処置を講じるようになったのは、Web上に蔓延する偽情報や不正確な情報を検索結果上から排除してマスメディア並みに増大した影響力とそれに伴う社会的責任を果たそうとしているからです。

　Googleは信頼できるコンテンツかどうかをアルゴリズムだけでなく、専任のスタッフがGoogle General Guidelinesなどのマニュアルに基づいて目視でチェックしているといわれています。憶測や推測だけでコンテンツを作ることを避けて、経験やデータなどの根拠に基づいたコンテンツ作りが強く求められます（医療アップデートについての詳しい解説と対策は『SEO検定　公式テキスト 2級』の第1章を参照してください）。

6-7 ◆ ヴェニスアップデート

　ヴェニスアップデートは本書の第3章で解説したユーザーの位置情報を検索結果に反映するGoogleのアルゴリズムで、2012年2月にGoogleが世界的に実施したものです（詳細は第3章を参照してください）。

6-8 ◆ モバイルフレンドリーアップデート

　モバイルフレンドリーアップデートは本書の第1章で解説したモバイル版Googleで上位表示するためにはサイト内のすべてのページをモバイル対応しなくてはならないというアップデートです（詳細は第1章を参照してください）。

6-9 ◆ クオリティアップデート

クオリティアップデートは、2015年5月に実施されたといわれる順位決定アルゴリズムの核となる部分への変更のことを意味します。クオリティアップデートという名前はGoogleが公式に名付けた名称ではなく、Search Engine LandというSEOニュースサイトが命名したものです。クオリティアップデート以降はさらにコンテンツの品質が低いサイトの検索順位が下がるようになりました。

6-10 ◆ ハミングバードアップデート

ハミングバードアップデートは、2013年9月に行われたアップデートで、複雑な検索キーワードで検索されてもユーザーの意図を読み取ることにより、正確な検索結果を提供できるようにするためのシステム更新です。今後、益々増える会話調の長文検索や音声検索に対応するためのものだといわれています。

6-11 ◆ パイレーツアップデート

パイレーツアップデートは、2014年10月に実施されたもので、著作権侵害を行っているサイトを専用フォームで一般ユーザーから申告してもらい、そうしたサイトの検索順位を下げたり、検索結果上に表示させなくするためのアップデートです。

今後も検索結果ページの品質を向上させるために新しいGoogleアップデートが導入されることが予想されるとともに、すでに実施されたアップデートの最新版が導入されて強化されることも予想されます。

第 5 章

検索順位の復旧方法

前章ではパンダアップデート、ペンギンアップデート、コアアップデートなどのGoogleアップデートの意味とその影響について述べてきました。これらのアルゴリズムアップデートはこれまで何度も最新化されて強化されてきました。そして、それに従ってGoogleからペナルティを与えられて検索順位が著しく下がる事例が増えるようになりました。

本章ではそうしたペナルティを万一、自社サイトが受けた場合や、ペナルティではなくても検索順位を下げるミスを犯した場合、どうすれば検索順位を復旧できるのかについて解説します。

検索順位が落ちる原因

1-1 ◆ 自動ペナルティと手動ペナルティ

　Googleはサイトの内部や被リンクなどに問題があると検知したときは、ほとんどの場合、自動的にペナルティをサイトに与えてその検索順位を落とします。これはアルゴリズムといわれる独自のコンピュータープログラムによって自動的に実行されます。

　しかし、アルゴリズムでは発見ができない悪質な不正行為に対しては、人的な資源により発見、処分をして検索順位を下げるようになっています。Googleが運営するサーチクオリティチームという特別チームが「Google General Guidelines」という品質ガイドラインに基づいてそうしたアルゴリズムだけでは判定できない不正行為を審査します。

　また、スパムレポートフォームという検索ユーザーが不審に思うサイトを通報するツールから寄せられる大量の苦情からも不審なリンクを見つけるための情報収集をしています。

◉Google公式サイト内の「スパムレポートフォーム」

Google

Search Console　　　　　　　　　　　　ヘルプ ▾

ウェブスパム ページは、Google の検索結果で上位に表示されるように隠しテキスト、誘導ページ、クローキング、不正なリダイレクトなどのさまざまなトリックを使用します。このような手法は Google の検索結果の品質やユーザーエクスペリエンスを低下させることがあります。

その他の例については、ウェブマスター向けガイドラインをご覧ください。検索結果からこのサイトをブロックすることもできます。

不正行為があるウェブ ページのアドレス：（必須）
例: http://example.org/veryspammywebpage.html

問題のある検索キーワード（Google の検索ボックスからコピー）：（省略可）
例: パリのホテル

その他の詳細：（省略可）（全角 150 文字以内）
効果的なウェブスパム レポートのコメントの書き方については、Google のブログ記事をご覧ください。

コメントは簡単、明快、かつ具体的に記述してください。

このように、Googleは、ペンギンアップデートの実施以前はほとんど野放しだった不正リンクに対して断固たる処置を取るようになりました。そのため、今日では自社サイトやクライアントのサイトに対して不正なSEOを実施することは非常に危険なことであり、避けなくてなりません。

なお、「Google General Guidelines」は2015年からGoogleの公式サイトでも公表されるようになりました。

URL https://static.googleusercontent.com/media/guidelines.
raterhub.com/ja//searchqualityevaluatorguidelines.pdf

1-2 ◆ 検索順位が落ちる12の原因

検索順位が落ちる原因は大きく分類すると次の12個があります。

- 【原因①】レンタルサーバーの不調・仕様変更
- 【原因②】サイト運営者のミス
- 【原因③】SEO目的のリンク販売をしている
- 【原因④】目標キーワードとページテーマにギャップがある
- 【原因⑤】トップページの目標キーワードとサイト全体のテーマにギャップがある
- 【原因⑥】コンテンツのオリジナル性が低い
- 【原因⑦】別ドメインの類似サイトを運営している
- 【原因⑧】他社が運営している別ドメインのサイトに自社サイトのコンテンツの一部をコピーしている
- 【原因⑨】Googleのアルゴリズムが自動的にサイトの品質に問題があることを検知
- 【原因⑩】Googleのアルゴリズムが自動的に不正リンクが張られていることを検知
- 【原因⑪】Googleのサーチクオリティチームが肉眼でサイトの品質に問題があると判断
- 【原因⑫】コンテンツがユーザーの検索意図を満たしていない

検索順位が1位〜5位程度、落ちたときは、自社サイトがペナルティを受けたためだと断言はできません。原因は他のサイトの評価が高まり、その分自社サイトの検索順位が相対的に下がっただけの可能性もあります。また、新たに強力なサイトがオープンしたために相対的に自社サイトの順位が下がるだけのこともあります。そして他にもサイト運営者やサーバー管理会社の人為的なミスが原因であることもあります。

　しかし、検索順位がそれ以上落ちた場合、特に以前よりも何十位も落ちた場合は、その原因はGoogleによるペナルティであることがほとんどです。

検索順位の復旧方法

　これら12の主な検索順位が下がる原因とその原因を解消して検索順位を復旧する方法は、次のようになります。

2-1 ◆ レンタルサーバーの不調・仕様変更

　サイトの内部や被リンクのペナルティを受けていなくても検索順位が大きく下がることがあります。その理由の1つがサイトを置いているレンタルサーバーに何か問題が生じたために不具合が生じるときと、サーバー会社による仕様の変更です。

　これは実際に2014年に国内で起きたことですが、国内大手のレンタルサーバー会社が外国にいるネットユーザーによるサイトの閲覧を禁止したことがありました。現在でも大きな問題になっていますが、海外のハッカーが国内のサーバーを攻撃してサーバーがつながらなくなるという問題が多発したことがあります。その他にも海外のハッカーがWordPressというCMS（コンテンツ管理システム）で作ったサイトのセキュリティを破り、サイトを乗っ取り改ざんするという問題が多発したこともありました。

顧客のサイトを守るために海外からのそうした攻撃をシャットアウトすることはサーバー会社の立場としては理解できますが、海外のネットユーザーがサイトを閲覧できなくなったことでサイトのトラフィックが激減するのは検索順位ダウンの要因になりかねないダメージとなります。

また、Googleなどの検索エンジンのクローラーは国内にあるとは限らないので、検索エンジンによる情報収集を禁じるのはSEOに対して大きなマイナスになることがあります。

他にもサーバー会社の問題として実際に起きたのは、国内の大手サーバー会社が顧客のサイトのデータの多くを誤って削除してしまい、バックアップデータもなかったという事件がありました。そのときは、コンテンツをサーバーのデータベースに格納しているCMSのデータも消し飛んでしまい、復旧ができないという事態を招くことになりました。

こうしたことが起きるとSEOの運営に大きなマイナスになることがあるので、常日頃からサーバー会社からの連絡には目を通すことと、他部署の担当者がサーバー周りを担当している場合は連絡を普段から密にする必要があります。

また、CMSを使ってサイトを運営している場合は、データベースや各種ファイルの日常的なバックアップを怠らないようにしなくてはなりません。

2-2 ◆ サイト運営者のミス

サイトの内部や被リンクのペナルティを受けていなくても検索順位が大きく下がる2つ目の原因として稀にあるのがサイト運営者による何らかの人為的なミスです。

サイト運営者の人為的なミスには次のようなものがあります。

(1)ドメイン管理料金、レンタルサーバー料金の払い忘れ

(2)テストページの放置

(3)過去に作った過剰な内部対策をしたページを放置

(4)目標サイトにオールドドメインを使用

①ドメイン管理料金、レンタルサーバー料金の払い忘れ

サイト運営に慣れていない企業で稀に起きるのがドメイン管理料金やレンタルサーバー料金の払い忘れです。ドメイン管理料金は毎年、更新料金を支払う必要があるので、それを怠るとサイトが見れなくなるだけでなく、他人にそのドメイン名を取られてしまうことがあります。レンタルサーバー料金も支払期限を過ぎるとサーバーの利用が停止されてしまい、復活には手数料をとられることがあります。

こうしたことが起きるとサイトが見れなくなり、Googleのクローラーも情報収集ができなくなるだけでなく、せっかく検索結果ページに自社サイトがかかっても、ユーザーがサイトを見れなくなり機会損失につながります。

こうした初歩的なミスを防止するためには日ごろから支払期限を一覧表で管理することと、万一、期限が過ぎてドメインやサーバーが停止されていても、あきらめないで管理会社に事情を話して復旧してもらうように依頼することです。多くの場合、追加料金を払えば復旧してもらえることがあります。

②テストページの放置

これも稀にあることですが、一般ユーザーではなく身内のスタッフ同士やWeb制作会社とWebページの試作品を見ながらやり取りするためのテストページがGoogleのクローラーに認識されてしまい、インデックスされてしまうというアクシデントがあります。

書かれている文章がほとんど同じ複数のデザイン案のページをサーバーに置いておくと、Googleが検知してインデックスしてしまうことがあります。

●テストページのURL例

```
http://www.suzuki.com/test.html
http://www.suzuki.com/index2.html
http://www.suzuki.com/index3.html
http://www.suzuki.com/test/index.html
```

Googleはインデックスされている他のページからリンクを張らなくてもWebページの存在を認識してインデックスしてしまうことがあります。

考えられる理由は、Googleにログインしているユーザーの行動がブラウザが記憶しているクッキーファイルによってわかるからです。

こうしたアクシデントを防止するためにはテスト用ページはパスワードをかけて一般には見れないようにすることです。そうすることでGoogleのクローラーも見れなくなり、検索順位に影響を与えることはなくなります。

③過去に作った過剰な内部対策をしたページを放置

Googleはキーワードを詰め込んだ過剰な内部対策をしたページがあるサイトの評価を下げます。昔のSEOの常識で作ったそうしたキーワードを詰め込んだ古いページがサーバー上に残っていると、そのことがGoogleのインデックスデータベースに記録され続けてサイトの評価に悪影響を及ぼすことがあります。

こうしたことを防止するためにはGoogleで「site:ドメイン名」で検索し、サイト内にどのようなページがあるのかを確認して古い時代遅れのページを見つけたら即時に削除するようにしてください。

また、FTPソフトなどでサーバーに入り、現在は使っていない不要なページがあるかを確認し、見つけたら削除して、サーバー内にあるファイルは実際に使っているものだけにするようにしてください。

◉「site:」でサイト内にあるページを調べた結果の例

④目標サイトにオールドドメインを使用

　他人が使っていた古いドメインネームを使ってサイトを開くことが昔のSEOの世界では1つのテクニックになっていました。なぜなら、ペンギンアップデートが実施された2012年以前のGoogleは古いサイトからのリンクを高く評価していたのと、古いサイトのほうが新しいサイトに比べて上位表示されやすい特徴があったからです。

　しかし、今日のSEOではそうしたグレーなやり方は効果は出なくなってきました。それどころか、そのドメインネームが他の所有者によってGoogleを欺くようなスパム行為（不正行為）をしていたサイトに使われていた場合、そのドメインの評価は非常に悪い状態になります。その結果、そうしたドメインを使ってサイトを開くと最初からGoogleの評価が非常に低くなり上位表示されないことがあります。

　こうした理由から、上位表示を目指す目標サイトには他人が使っていた古いドメインは使わないで新しいドメインを使うことが安全で確実なSEO施策の1つになります。

2-3 ◆ SEO目的のリンク販売をしている

　Googleはリンクが張られているサイトは人気があると評価して上位表示されやすくします。しかし、Googleが評価するのは自然発生的なリンクだけであり、金銭の授受が伴う有料のリンクは評価しません。

　今日ではそうした有料のリンクを買った購入者だけではなく、リンクを提供した販売者にもペナルティを与えるようになってきています。有料のリンクとは金銭をもらうことにより広告欄にリンク広告（テキスト、画像の両方）を張るタイプや、リンク先の企業や商品の紹介記事を書いてリンクを張るものです。

　こうしたペナルティを受けないためには「rel="nofollow"」属性または「rel="sponsored"」属性を<a>タグに追加することが必要です。これをすればリンクを販売した側も、リンクを購入した側も両方ともGoogleからペナルティを受けずに済みます。

しかし、これをすることでリンクの効果はなくなり、ユーザーがリンクをクリックしてリンク先のサイトを見るというトラフィック効果だけしか得られなくなります。

万一、有料リンクの販売が発覚してペナルティを受けたときは有料のリンクを削除するか、「rel="nofollow"」属性または「rel="sponsored"」属性を<a>タグに追加した後に、サーチコンソールの中にある「再審査リクエストフォーム」でその旨をGoogleに報告してください。そうすることによって改善が認められたら、ペナルティが解除され、検索順位は数週間以内に元に戻るようになります。

●再審査リクエストフォームを使ったことによってペナルティ解除の通知がサーチコンソール内に来た例

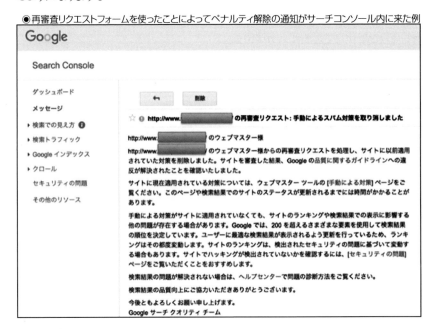

2-4 ◆ 目標キーワードとページテーマにギャップがある

これはペナルティというほどのものではありませんが、上位表示を目指す目標キーワードと一致したテーマのページでないことをGoogleが認識すると順位が下がることがあります。

ページを作ったばかりのときは他のサイトに似たようなテーマのページがなかったので上位表示していたものが、その後、似たテーマのページが増えることで競争率が高くなり、自社サイトのページの検索順位が落ちるということがあります。

　対策としては、自社の目標ページが目標キーワードをテーマにしたものになっているかを確認し、違っている場合は目標キーワードとテーマが一致するコンテンツに変えていく必要があります。

　また、最初のころはテーマが一致していたページだったとしても、その後、コンテンツをそのページに追加することによって徐々にテーマから逸れたページに変化してしまうことがあります。

　こうしたことが起きないように、ページのテーマから逸れたコンテンツは追加せずに、一致したテーマのコンテンツを追加するようにしてください。

2-5 ◆ トップページの目標キーワードとサイト全体のテーマにギャップがある

　特定のページだけではなく、サイト全体として見た場合、そのサイトのトップページの目標キーワードとは関連性が低いテーマのページをサイトに追加すると、トップページの検索順位が落ちることがあります。サイト内にページを増やしていくうちに最初はテーマを絞っていたサイトが徐々にもともとのテーマとは違った、あるいは逸れたページが増えてしまうからです。

　たとえば、トップページ「家具 通販」で上位表示するためには、そのサイトには家具に関するページを増やしていくべきです。ソファやTVボード、本棚などは家具なのでこうしたテーマのページを増やすことはトップページを「家具 通販」で上位表示するためにプラスに働きます。

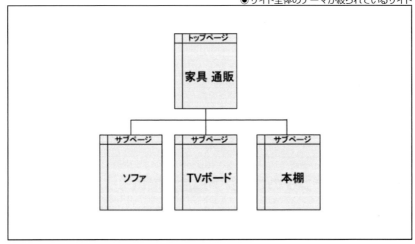

●サイト全体のテーマが絞られているサイト

しかし、そのうちに家具以外にも売りたいと思った雑貨類や家電製品などのページも増やしていくことがあります。企業は売り上げを増やそうとするものなので当然のことでもあります。ただそうなると次第にサイト全体のテーマが家具から逸れていき、気が付いたときには「家具 通販」での検索順位が落ちてしまうのです。

●ページを増やすことによりサイト全体のテーマが次第に逸れてしまったサイト

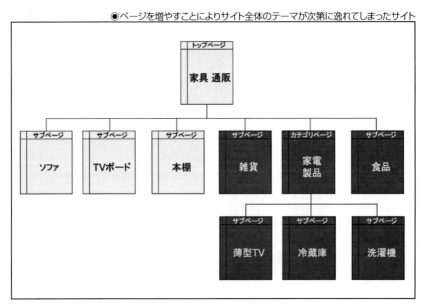

こうした問題を避けるためには、一度決めたテーマから逸れないページを無理せずに継続的にサイト内に増やしていくことです。そうすることによって一貫したテーマのページを増やし、専門性の高いサイトを作り上位表示に有利にすることができるのです。

　すでにこの問題が原因で順位が落ちたということがわかったら、トップページの目標キーワードとテーマが逸れたページをすべて削除するか、他のドメインのサイトやブログにページを移動することが復旧の対策になります。

2-6 ◆ コンテンツのオリジナル性が低い

　第4章で説明したようにコンテンツの独自性がないと検索順位を上げることはできません。文字コンテンツが他のドメインのサイトに書かれているものをコピーしたり、一部だけを改変して見た目だけ独自性があるように見せかけたものでは独自性があるとはいえません。

　また、独自性があるかどうかは1つのドメインのサイト内にある他のページと比較したときも必要になります。同じような文章のかたまりが書かれているページがサイト内に多数ある場合、そのサイトの独自性が損なわれてしまいます。

　そのため、サイト内の1つひとつのページを確認して重複している文字コンテンツがあるかどうかを調べ、重複した文字コンテンツを発見したら重複コンテンツを削除し、それぞれのページに独自の文字コンテンツを追加することが必要になります。

　独自性の高いコンテンツを増やす最善の方法は一次情報を増やすことです。一次情報とは、コンテンツの書き手が自分が体験したことの感想や意見、そして他社に取材をしたインタビュー記事などがあります。

　その他、顧客が体験談や商品の感想を書いたものも一次情報であり、独自性のあるコンテンツだとGoogleは認識してくれます。

　サイト内にコンテンツのオリジナル性が低いページを発見したらそれらをすべて削除するか、別ドメインのサイトやブログにそうしたコンテンツを移動するようにしてください。

2-7 ◆ 別ドメインの類似サイトを運営している

　サイト運営者がよく犯すミスの1つに類似したテーマのサイトを別ドメインで作ってしまうというものがあります。

　Googleは基本的に1つの情報提供者は1つのドメインにつき、1つのテーマのサイトを持つことを望んでいます。そうすることによって同じ情報提供者の運営するWebサイトが特定のキーワードで検索したときにGoogleの検索結果ページ上に複数、表示されるのを防ぐことができるからです。そうしないと才能がある情報提供者が検索結果ページを独占してしまい、Googleが提供する情報の多様性が失われてしまうからです。

　こうしたGoogleの立場を十分理解した上で、1つのテーマにつき1つのドメインのサイトだけを運営するよう心がけてください。

　たとえば、鈴木歯科医院という情報発信者が「(1)鈴木歯科医院公式サイト(総合サイト)」(http://www.suzuki-shika.com)というサイトを作ってトップページを「世田谷 歯科」というキーワードで上位表示を目指しているとします(なお、(1)などはサイトを識別するために便宜的に付けた数字です)。

　この歯科医院が他にも次の5つの専門サイトを作ったとします。

サイト名/URL	目標キーワード
(2)世田谷矯正歯科センター(専門サイト) http://www.setagaya-kyousei.com	世田谷 矯正歯科
(3)世田谷審美歯科センター(専門サイト) http://www.setagaya-shinbi.com	世田谷 審美歯科
(4)世田谷インプラントセンター(専門サイト) http://www.setagaya-implant.com	世田谷 インプラント
(5)インプラントセミナー専門サイト(専門サイト) http://www.implant-seminar.com	インプラント 東京
(6)インプラント研究室(専門サイト) http://www.implant-kenkyushitsu.com	インプラント

　この場合、(2)、(3)、(4)まではそれぞれに矯正歯科、審美歯科、インプラントという異なったテーマがあるので、それぞれのサイトの存在はGoogleに許され、それぞれのサイトがそれぞれのキーワードで上位表示することは可能です。

しかし、(5)と(6)は両方ともインプラントをテーマにしたサイトであるため、(4)とテーマが重複してしまいます。テーマが重複したサイトをそれぞれ別ドメインでこのような形で運営すると、Googleはこれらのサイトのうち、いずれか1つしか上位表示させなくなります。

そうなると、そもそも3つもインプラントをテーマにしたサイトを持つ意味がSEO的になくなります。

では、このように3つの同じテーマのサイトを作った場合はどうすれば良いのかというと、これら3つのドメインのサイトのうち、2つを閉鎖することが1つの対処策です。そうすれば1テーマ=1ドメインの原則に適合するので問題はなくなります。

しかし、せっかく3つのサイトを作ったので2つもサイトを閉鎖するのはもったいないという場合は、1つのドメインに3つのサイトを次のように集約することです。

サイト名	URL
(4)世田谷インプラントセンター （専門サイト）	http://www.setagaya-implant.com
(5)インプラントセミナー専門サイト （専門サイト）	http://www.setagaya-implant.com/seminar/
(6)インプラント研究室（専門サイト）	http://www.setagaya-implant.com/kenkyushitu/

Googleは決して同じテーマのサイトを複数、持つことを禁じているわけではありません。Googleが禁じているのはあくまでも複数のドメインを使って複数のサイトを持つことです。

ドメインが1つだけならその中に同じテーマのサイトを複数持つことは許されます（ただし、それぞれのサイトの中に書かれている文章は重複せずに独自性があるコンテンツであることが求められます）。

また、この例の場合、総合サイトである(1)の中には歯科医院が提供している医療サービスである「矯正歯科」「審美歯科」「インプラント」に関するページがそれぞれ1ページずつある程度なら問題はありません。それ以上、個々の医療サービスについてのページを増やしていくと、別ドメインで作った(2)、(3)、(4)などとコンテンツの重複が増えてSEO上の問題が生じます。

この例のように総合サイトの他に複数の専門サイトを別ドメインで作る場合は、総合サイトとのコンテンツの重複がほとんど起きないように気を配るようにしてください。

●重複サイトを見つけるためのドメインマップ

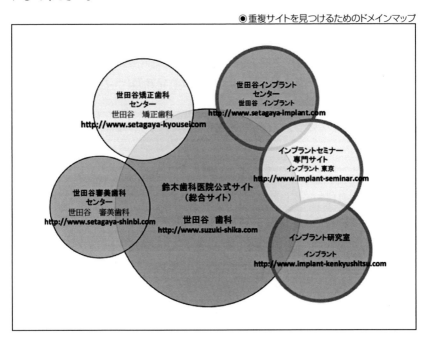

2-8 ◆ 他社が運営している別ドメインのサイトに自社サイトのコンテンツの一部をコピーしている

これもよく起きるミスですが、自社サイトに書かれている文章を他社が運営している別ドメインのサイトにコピーしてしまうというミスです。

新規客を増やすために他人が運営しているポータルサイトに自社の情報をたくさん載せようとするとき、文章を新しく考えるのが面倒なので現在サイトに書かれている文章をコピーしてポータルサイトに書いてしまうということがあります。

こうしたことをすると、通常、ポータルサイトのほうがさまざまな情報があるのでトラフィックが多く、Googleからの評価が高いため、自社サイトのほうが上位表示できなくなってしまいます。

自社サイトに書かれている文章をコピーしがちなものとしては次のようものがあります。

(1)ポータルサイト

(2)無料ブログ(アメブロやライブドアブログなど)

(3)ショッピングモール(楽天市場、Amazon、Yahoo!ショッピング、価格.comなど)

(4)無料ホームページレンタルサービス(Googleサイト、Jimdo、Wixなど)

(5)ソーシャルメディア(Facebookページ、Twitter、YouTubeなど)

こうしたサービスを使うときは必ず自社サイトに書かれている文章を安易にコピーして貼り付けるのではなく、自社サイトには書かれていない文章を新たに書いて投稿するようにしてください。特に商品やサービスの紹介文やお客様の声をそのままコピーして貼り付けるミスがよくあるので十分に注意してください。

また、すでにこうしたことをしてしまった場合は、面倒でもそうした文章をこれらのサービスのサイトから削除するか、文章を書き直すようにしてください。

記憶にない場合は、コピペルナーというソフトなどを使うと自社サイトに書かれている文章がネット上のどこかにコピーされているか、どの程度、コピーされているかを短時間で調査することができます。

2-9 ◆ Googleのアルゴリズムが自動的にサイトの品質に問題があることを検知

Googleはサイト内のコンテンツやページ内のソースに何らかの品質上の問題を検知した場合、そのサイトの検索順位を下げます。コンテンツを自社サイトに増やすことはSEOの成功に必要なことですが、やみくもに増やせばよいというものではありません。そのようなことをしたら検索順位が上がるどころか逆効果になることがあります。

上位表示に貢献するのではなく、そのことを阻害するコンテンツやページ内のソースには次のようなものがあります。

①用語集・基礎知識
　サイト内にコンテンツを増やそうとしてむやみに用語集や基礎知識のページを増やすことは検索順位低下のリスクを高めることになります。用語集や基礎知識を増やすこと自体はユーザーのためになるよいことですが、次のようなものは避けなくてはなりません。

（1）他のサイトにも書かれている文章をコピーまたはリライト（書き直し）したもの

（2）トップページで狙っている目標キーワード、つまりサイト全体のテーマから逸れた内容のもの

②リンク集
　次に検索順位を落とす原因になっているのがリンク集です。本来、リンク集をサイトに載せることはとてもよいことです。理由は、自社サイトに来てくれたユーザーに関連したサイトを紹介することはユーザーの経験を充実させることになり、サイトへの満足度が高くなるからです。

　もう1つの理由は、自分が他人のサイトにリンク集からリンクを張ってあげることによって、お返しとしてこちらのサイトにも相手のサイトのリンク集からリンクを張ってくれることがよくあるからです。他人のサイトからリンクされている信頼できるサイトとしてGoogleに評価され検索順位アップに貢献することになります。

　しかし、リンク集をサイトに載せるメリットがある反面、デメリットが近年、目立つようになりました。最大のデメリットは、紹介先のサイトが増えれば増えるほど、リンク集ページが増えてしまうことです。極端なサイトになるとサイトの総ページ数が100ページある中で50ページ以上がリンク集であるというケースもあります。

リンク集のページ数が1、2ページくらいならば問題はありませんが、たくさんリンク集を作ると、テーマが逸れた関連性の低いコンテンツが増えてしまうというデメリットが生まれます。

このデメリットを回避するためには、リンク集のページ数はサイト全体の10％以下に抑えることです。総ページ数が100ページあるサイトならどんなに多くとも10ページまでしか、リンク集を持たないことです。リンク集ページは可能な限り減らすべきです。

リンク集ページを増やす2つ目のデメリットは、テーマの関連性は高くともリンク集に載っている文字情報はオリジナル性が高くないという問題があります。なぜ、オリジナル性が高くないのかというと、リンク集には通常、紹介先のサイト名と紹介文、そしてサイトのURLが載っており、それらの情報はインターネット上の他のサイトのリンク集にも書いているものだからです。

リンク集に載せるサイトの紹介文を自分で考えるには労力と時間がかかります。そのため、ほとんどのサイト運営者は紹介先のサイトに書かれている「リンクの張り方について」というページに書かれているサイト紹介文をコピーしてしまうのです。コピーをしているのが自分だけならばよいのですが、他の人もその情報を見てコピーしてサイトのリンク集に張ってしまうので、他人のサイトにも書いている情報を自分のサイトに掲載してしまうことになります。

そうなるとGoogleがリンク集ページはオリジナル性の低いコンテンツだと見なし、検索順位を下げることになるのです。

こうした理由からリンク集ページの内容はオリジナル文章にすることと、ページ数を増やさないように気を付けなくてはなりません。

③文章の少ないブログ

もう1つのマイナス要因になることがあるコンテンツは、サイトに設置したブログの記事の文字数です。

サイトにページ数を増やすためにブログをサイトのドメインの中に設置することが有効な手段になっています。ドメイン内ブログを設置すれば複数人や、Webページを作ることができない人でもブログの管理画面に入り、表題と本文を入力してボタンを押すだけでWebページを簡単に作成することができるからです。しかし、何でもいいから記事を書けばよいということではありません。

最初に気を付けないといけないのは、ブログ記事の文字数です。文字数が数百文字程度しかないブログ記事を書いてしまうと、そのページのヘッダーやサイドメニュー、フッターにあるテキストリンクがたくさんある場合、それらメニュー部分のテキストの文字数の方がブログ記事本文よりも多くなってしまい、そのページ固有のオリジナル文章が少ないということになってしまいます。

Googleが高く評価するコンテンツは、最低でも500文字以上のオリジナル文章があるページです。そして、ユーザーにとって少しでもためになるブログ記事を書こうとすると通常は800文字以上になります。ブログ記事は読む人にとって少しでもためになるものでなくてはならないので最低でも800文字は書くように心がけてください。

④完全にテーマが逸れているブログ

ブログ記事としてサイトにページを増やす際にもう1つ気を付けなくてはならないことがあります。それはサイトのトップページで狙っている目標キーワードと関連性の低いブログ記事を書かないことです。

たとえば、トップページの目標キーワードが「ホームページ制作会社 東京」なのに、そのサイトのドメインに設置されたブログの記事にはホームページ制作にも東京という言葉にも関係のない、家族のことや映画の感想などを書いたとします。

毎日ブログ記事を書くのはよいのですが、毎日、関連性の低いことしか書かなければ、「ホームページ制作 東京」というテーマとはまったく関係のないページばかりになり、検索順位が落ちていくことになります。

こうした理由からトップページで狙っている目標キーワードと関連性の低いブログ記事を書くことは避けなくてはなりません。

⑤独自性の薄いデータページ

　検索順位を落とす要因としてよく見かけるのが、単語の羅列や住所録、データベースからコピーしたような名詞の羅列のような、何らオリジナル性のないページをどんどん増やしてしまった例です。下図がその例です。

●住所録コンテンツの例

No.	地区・支部	事務所名	代表者名	事務所所在地	TEL
1	北海道	税理士法人 池脇会計事務所	池脇　昭二	〒064-0912 北海道札幌市中央区南12条西15丁目4-3 池脇ビル	TEL:011-551-2617
2	北海道	戸井会計事務所	安部　正昭	〒047-0021 北海道小樽市入船4-5-5	TEL:0134-34-2111
3	東北	秋田中央税理士法人	杉山　隆	〒010-0951 秋田県秋田市山王5-7-28 コア12	TEL:0188-64-7111
4	関信越	税理士法人永光パートナーズ	逆井　甚一郎	〒270-0222 千葉県野田市木間ケ瀬1650-4	TEL:0471-98-5111
5	関信越	笠原会計事務所	笠原　伸晃	〒231-0066 神奈川県横浜市中区日ノ出町1-16	TEL:045-231-5451
6	関信越	有限会社 相田会計	相田　哲	〒959-0130 新潟県燕市分水桜町2-1-3	TEL:0256-98-2301
7	東京	税理士法人峯岸パートナーズ	峯岸　芳幸	〒171-0021 東京都豊島区西池袋3-30-3 西池本田ビル2階	TEL:03-5954-3633

　このWebページには一見すると、たくさんの文字数があるように見えますが、よく見てみると、事務所名、住所、電話番号、代表者名などが名詞の羅列として載っているだけです。

　Googleが評価するコンテンツはこうした単語の羅列のような薄いコンテンツではなく、「です」「ます」などの助動詞や、「て」「に」「を」「は」などの助詞を含む文章であることが最低の条件です。

　そうしないと単にこうした単語だけを適当に電話帳や単語帳などからコピーして簡単に何も考えずに作ったWebページをいたずらに作った人達に検索順位を操られてしまい、質が低いコンテンツだらけの検索エンジンになってしまい、その結果ユーザーからの支持を失うからです。

自社のサイトをGoogleなどの検索エンジンで上位表示するために必要な
コンテンツは独自の意見や感想、体験に基づいた文章です。決して他人
のサイトに載っていることのコピーやリライトした小手先だけ変えた文章では
ありません。オリジナル性の高いこうした文章を自社のサイトに焦らずに慎重
に載せる姿勢が求められているのです。

⑥ALTへのキーワードの詰め込み

　Webページ内にJPEGやGIFなどの画像を掲載するときに、その画像
が何の画像かを端的に説明するのが画像のALT属性部分です。通常、
ALT属性には下図にあるように画像についての端的な説明を文字で記述
します。

●画像の例

●上記の画像のソースとその中のALT属性の例

```
<img src="/img/share/img_head_voice01.png" alt="お客様の声1200件" />
```

　そうすることでGoogleなどの検索エンジンは画像の内容を理解しやすくな
ります。

　しかし、SEOのためにALT属性の中にたくさんの文字を詰め込むことが
流行したため、最近ではALT属性の中に上位表示を目指すキーワードをい
くつも含めることがペナルティの原因になってきています。ペナルティを避け
るためには次の点に注意をしてください。

(1) 1つのALTに目標キーワードを複数回、含める

　たとえば、1枚のバラの写真がWebページ内に掲載されていたとします。
そして、その写真の画像ファイルのALTにバラというキーワードを1回含めて
「赤いバラの写真」と書くのは問題がありません。

しかし、2回も3回も含めて「バラの通販サイトバラドットコムが販売する赤いバラの写真」というようにしつこく書くのは問題になります。1つのALTに含める目標キーワードの回数は1回だけにした方が安全です。

◉ 1つのALTには1回だけバラというキーワードを入れている良い例

```
<IMG src="ht/bdrose/100/999.jpg" width="62" height="80" border="0" alt="100本の赤いバラ"><IMG
src="ht/bdrose/0602/999.jpg" width="71" height="80" border="0" alt="60本の還暦の赤いバラ花束"><IMG
src="ht/bdrose/0601/999.jpg" width="61" height="80" border="0" alt="還暦祝いの花束・赤いバラ60本の花束"><IMG
src="ht/bdrose/060/999.jpg" width="61" height="80" border="0"><IMG src="ht/bdrose/0501/999.jpg" width="58" height="80"
```

(2)複数のALTにいつも同じ目標キーワードが含まれる

1つのWebページ内に100個の画像ファイルが掲載されていたとして、そのほとんどの画像ファイルのALTにバラという言葉が含まれるのも危険です。どうしてもバラという言葉を含めないと意味はわからないところはバラという言葉をALTに含めてもよいですが、それ以外の画像のALTには別の言葉を含めるようにして、1つの言葉がほとんどすべての画像のALTに含まれることは避けるようにしてください。

こうしたALTへのキーワードの詰め込みのために検索順位が大きく落とされている事例が増えています。万一、こうした傾向があるようならすぐに減らすようにしてください。このことは実際にGoogleの公式サイト内にある「コンテンツに関するガイドライン」の「画像」という解説ページに次のように解説されています。

URL https://support.google.com/webmasters/answer/114016

⑦リンク情報部分の「title=""」属性へのキーワードの詰め込み

画像のALT属性と同じような問題を引き起こすことがあるのがリンク情報部分のtitle属性へのキーワードの詰め込みです。リンク情報部分のtitle属性というのはリンク先のページやファイルの説明を書く部分です。

下図のようにその部分にそのページの目標キーワードを詰め込むのもALT属性へのキーワードへの詰め込みと同様のリスクがあるので避けるとともに、万一、こうした傾向があるようならすぐに減らすようにしてください。

```
eije.net/" title="地金の買取店">地金の買取店</a></li>
%81%a8%e3%81%af/" title="地金とは">地金とは</a></li>
%a3%bd%e5%93%81/" title="地金製品">地金製品</a></li>
%81%ae%e8%b3%aa/" title="地金の質">地金の質</a></li>
%81%ae%e7%9b%b8%e5%a0%b4/" title="地金の相場">地金の相場</a></li>
%8a%95%e8%b3%87/" title="地金投資">地金投資</a></li>
%81%bd%e7%89%a9/" title="地金偽物">地金偽物</a></li>
%81%ae%e7%89%b9%e6%80%a7%ef%bc%8d%e9%87%91/" title="地金の特性－金">地金の特性<br />－金</a></li>
%81%ae%e7%89%b9%e6%80%a7%ef%bc%8d%e7%99%bd%e9%87%91%ef%bc%88%e3%83%97%e3%83%a9%e3%83%81%e3%83%8a%ef
%e3%81%ae%e7%a8%ae%e9%a1%9e/" title="地金の種類">地金の種類</a></li>
```

⑧メニュー部分へのキーワードの詰め込み

　通常、ページ内にはヘッダーメニュー、サイドメニュー、フッターメニューなどがあります。

●PC版サイトのWebページレイアウト

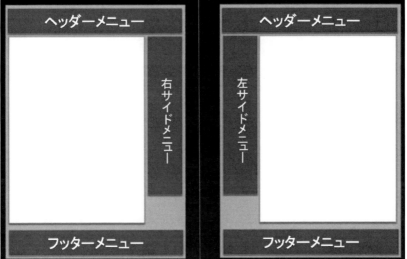

　それらの中に無理やり目標キーワードを詰め込むことは避けてください。次の例はヘッダーメニューに無理やりトップページで上位表示を目指しているキーワードを詰め込んでいる例です。

メニュー部分がテキストでも画像のALT属性であっても目標キーワードを含めるのは全体の50%以下にしたほうが安全です。

◉メニュー部分のテキストリンク

それを超えると上位表示をするために無理やりキーワードを詰め込んだ印象をGoogleに与えることになり、上位表示に不利になるリスクが高まります。

次の例は、サイドメニューにトップページで狙っているキーワードを全体の50%以下に抑えて書いている良い例です。

◉サイドメニューのテキストリンク部分に目標キーワードを適度に含めている良い例

⑨3大エリアへのキーワードの詰め込み

3大エリアとは、次の3つのことを意味します。

（1）タイトルタグ

（2）メタディスクリプション

（3）H1タグ（1行目）

なぜ、3大エリアと呼ぶのかというと、SEO上、3つの重要な部分を最適化するということからです。タイトルタグとメタディスクリプションには目標キーワードを最大2回まで含めるように書いて、目標キーワード同士の距離はなるべく近くにならないように離すのが安全です。また、H1タグ、またはページの1行目には目標キーワードは1回だけ書くのが安全です。

●ペナルティを受けにくい安全な3大エリアの例

```
<title>SEOセミナーの全国開催日程 鈴木将司のSEO対策セミナー</title>
<meta name="description" content="SEOセミナーの開催日程。鈴木将司のGoogle・
ヤフー上位表示対策。スマートフォンSEO、ソーシャルメディア、YouTube集客にも完
全対応。" />
<h1>SEOセミナーの開催日程</h1>
```

この範囲を極端に超えた書き方がサイト内のページに見られた場合は、それが原因でGoogleやMicrosoft Bingなどの検索エンジンからペナルティを受けている可能性があるのでキーワードの数を減らしてすっきりさせるようにしてください。

メタキーワーズ（例：<meta name="keywords" content="SEOセミナー" />）については、Googleはメタキーワーズを評価対象にしていないのでそこは特に気にする必要はありませんが、もし書く場合はそのページの目標キーワードを1個から5個くらいまでの範囲で書くようにしてください。なお、Googleの次に使われている検索エンジンのMicrosoft Bingはメタキーワーズを評価対象にしているといわれています。

⑩パンくずリストへのキーワードの詰め込み

　パンくずリストというのはユーザーがサイト内のどの位置、階層に今自分がいるのかを直感的に示すテキストリンクのことをいいます。名称の由来は、童話「ヘンゼルとグレーテル」で、森の中で帰り道がわかるようにパンくずを少しずつ落としながら歩いたというエピソードから来ています。

　パンくずリストをページのヘッダー部分に張ることで次の例のようにユーザーが「HOME」（トップページ）の下にある「基礎知識」のさらに下にある「教えて!SEO」というページを見ているのだということがわかります。

●パンくずリスト例

　そしてそこから「教えて!SEO」の上の階層の「基礎知識」や、さらにその上にある「HOME」（トップページ）に戻ることもできてサイト内の移動を助けます。

　パンくずリスト内には、その部分のリンク先の情報が検索エンジンに理解してもらいやすいように、リンク先のテーマを表すキーワードを含めたほうが上位表示に有利になります。

　しかし、無理やりキーワードを詰め込むのではなく、ユーザーにわかりやすいシンプルな文言をパンくずリストの部分に含めるようにしてください。

　パンくずリストにむやみにトップページで上位表示を目指している目標キーワードを詰め込むとキーワードの書き過ぎになり、ペナルティを受けやすくなります。

特にトップページに戻るためのテキストリンクには無理やりキーワードを書かないようにしてください。トップページに戻るためのテキストリンクは「HOME」または「TOP」と書くだけで十分です。

電話代行センター　HOME>　電話代行お申し込みの流れ

HOME>　お申し込みの流れ

⑪同意語の過剰な詰め込み

　最近ペナルティを受けているページで、同じ意味の言葉をしつこく何度も書いているページがあります。たとえば、ページ内に「整体」と書くだけではなく、いつも「整体(カイロプラクティック)」と書くのは読みにくい文章をページ内に増やすことになります。

　また、「ひな人形」と書くだけではなく「ひな人形(雛人形)」と書くのも1度だけ書くならよいでしょうが、毎回書くのはしつこ過ぎます。

　こうしたことをする理由は、そのページを「整体」で上位表示するだけではなく、「カイロプラクティック」でも上位表示しようとする意図があるための可能性があります。

　同じ発音を別の表記で書いている「ひな人形(雛人形)」と書くのも「ひな人形」で上位表示したいだけではなく、「雛人形」でも上位表示しようとする意図があるための可能性があります。

　こうした意図はサイト運営者の独りよがりな目的のためでしかなく、決してユーザーのためではないことがほとんどです。Googleはユーザーのためになるサイトを優先的に上位表示しようとするので、こうしたしつこい書き方をするページは上位表示されにくくなります。少しでもこうした書き方が自社サイト内にあったら、それらをなくしていってください。これをしただけで検索順位が復旧した例が何度もありました。

⑫URLへのキーワードの詰め込み

　第3章でも解説したように、同じキーワードをWebページのURLに繰り返し入れることはGoogleが作成した「Google General Guidelines」によるとペナルティの対象になるということがわかっているので避けるようにしてください。

⑬キーワードの近接

　キーワードの近接とは、ページ内にある文章内に目標キーワード同士が近くに書かれていることをいいます。近接には2つのパターンがあります。

（1）水平近接

　水平近接は、目標キーワードが1つの行に複数、書かれていてお互いが近くに接していることです。

●水平近接の例

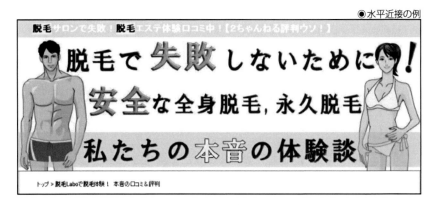

（2）垂直近接

　垂直近接は、目標キーワードが縦の行に連続して複数回、書かれていてお互いが近くに接していることです。

●垂直近接の例

どちらのパターンであっても近接がページ内のわずかな部分にあるのは問題はありませんが、何箇所にも近接があるということになるとGoogleからペナルティを受けやすくなります。

キーワードの近接がページ内に複数箇所あったら、それが原因で検索順位が下がっている可能性があります。キーワードの近接を減らしてユーザーに見やすいページにするように改善してください。

このことは実際にGoogleの公式サイト内にある「コンテンツに関するガイドライン」の「キーワードの乱用」というページで解説されています。

URL https://support.google.com/webmasters/answer/66358

⑭高過ぎるキーワード出現頻度

キーワードの近接や、3大エリアへの詰め込み、ALT属性やパンくずリストへのキーワードの詰め込みなどをすると、ページ内のキーワード出現頻度が極端に高くなります。

多くのSEO実践者はキーワード出現頻度解析ソフトを使ってキーワード出現頻度を調整しています。

・全日本SEO協会が提供するキーワード出現頻度解析ツール

URL http://www.keyword-kaiseki.jp/

●キーワード出現頻度解析ツール

解析対象	http://plate.hankoya.com/		
タイトル要素	表札の通販｜豊富なデザインなら【表札館】		
meta keywords	表札,プレート		
meta description	日本最大級の表札通販【最短翌日OK！】戸建て・マンション・法人用の表札を最大20%引きで販売！人気の丸三タカギを中心にシンプルから人気のデザイン表札まで980点以上をラインナップ！参考になるお客様の投稿写真も充実しています。		
出現頻度（全体）【単語数：3,742】	1. 表札	143	3.8%
	2. た	114	3.0%
	3. ?	110	2.9%
	4. 円	99	2.6%
	5. ガラス	41	1.1%
	6. .	39	1.0%
	7. プレート	38	1.0%
	8. まし	36	1.0%
	9. デザイン	34	0.9%
	10. ステンレス	33	0.9%
	11. 銘板	28	0.7%
	12. 用	27	0.7%
	13. タイル	25	0.7%
	14. マンション	22	0.6%

サイトの種類やキーワードによって異なります。『SEO検定 公式テキスト3級』の第3章を参照して理想的なキーワード出現頻度になるように調整してください。

⑮過剰な単語の羅列

Webページ内に掲載する文字は文字なら何でもよいということではありません。文字なら何でもよいということになれば極端な人は、全国、全世界の地名や人名を羅列したり、数字や記号ばかり羅列する人も出てくるはずです。

そうしたものをページ内にたくさん書いても効果は出ません。効果があるのは単なる単語、記号、数字、外国語の羅列ではなく、「です」「ます」「である」などの助動詞や、「て」「に」「を」「は」などの助詞が付いた文章の形をとっていることです。

●単語の羅列ばかりでペナルティを受けやすいページの例

北海道の査定地域

紋別郡滝上町 河西郡中札内村 厚岸郡浜中町 虻田郡豊浦町 網走市 有珠郡 郡真狩村 滝川市 斜里郡清里町 上川郡比布町 阿寒郡鶴居村 目梨郡羅臼町 新冠郡新冠町 石狩郡新篠津村 室蘭市 広尾郡広尾町 枝幸郡枝幸町 石狩郡 町 赤平市 川上郡弟子屈町 紋別郡雄武町 空知郡中富良野町 河東郡鹿追町 郡栗山町 札幌市西区 岩内郡岩内町 爾志郡乙部町 上磯郡木古内町 深川市 町 札幌市豊平区 空知郡上砂川町 釧路市 天塩郡豊富町 紋別郡興部町 天塩 久遠郡せたな町 天塩郡天塩町 上川郡鷹栖町 積丹郡積丹町 白老郡白老町 町 網走郡美幌町 函館市 山越郡長万部町 紋別郡遠軽町 磯谷郡蘭越町 古宇

⑯CSS（スタイルシート）による隠しテキスト・隠しリンク

スタイルシートを使うと文章やリンクをユーザーの目に見えないように隠すことができます。しかし、ソース上には文章やリンクが書かれているのでGoogleなどの検索エンジンロボットは認識します。

このギャップを利用してたくさんのテキストやリンクを隠そうとするサイト運営者がいます。そうした行為は時間の問題で検索エンジンによって発見され、ペナルティを受けます。少しでも心当たりがある場合はそれらを削除するようにしてください。

```
<h1 id="tagline">最高品質のTシャツをオリジナルで製作販売しています。</h1>
<p id="logo"><a href="http://www.order-t-shirts.com/"><img src="/img/share/
logo.gif" alt="オーダーTシャツドットコム1枚から写真入りまでオリジナルTシャ
ツ専門店" /></a></p>
```

　ただし、画像の表面に書いてある文字を画像の裏や、ブラウザの外に隠すのは問題はありません。それ以上のことを書くと結果的に隠していると見なされてGoogleのガイドライン違反になるので注意してください。

⑰JavaScriptによる隠しテキスト・隠しリンク

　隠しテキストや隠しリンクの温床になりやすいのはJavaScriptも同じです。必要以上の文章やテキストを極端にブラウザを使うユーザーの目に見えないように隠すことは避けてください。

⑱ページ内フレームへの隠しテキスト・隠しリンク

　2006年にネット広告代理店が運営するサイトの大半がGoogleの検索結果から削除されたことがありました。理由は、ページの下の方に高さ数ピクセルしかないページ内フレームを掲載し、その中にユーザーの目には見えないような他のサイトへのリンクを大量に隠していたことが発覚したからです。

　最近ではこうした行為をするサイト運営者はほとんど見かけませんが、結果論としてページ内フレームにリンク情報を隠すとペナルティの原因になるので気を付けてください。

●ペナルティを受けたページ内フレーム隠しリンクの例

【PR】おすすめリンク---
通販ショッピング＆ギャザリング：

⑲ハッキング・ウイルスへの感染

　サイトがハッキング・ウイルスに感染すると、Googleの検索結果にそのページが表示されたときに次のような警告文が表示されます。

●ハッキング・ウイルスに感染したサイトがGoogleの検索結果ページに表示されている例

　この表示が検索結果に表示されてしまうと、検索ユーザーが怖がってリンクをクリックしなくなります。その結果、サイトに来なくなりサイトの死活問題になります。こうした事態に遭遇したら早めに手を打たねばなりません。

　感染する主な原因には次の通りです。

- サーバーの感染
- WordPressなどのセキュリティホールへのハッキング
- ファイルの感染

　Googleが推奨する手順は次のようになります。

（1）サイトを隔離する
（2）被害の程度を確認する
（3）サイトをクリーンアップする
（4）Googleにサイトの再審査を依頼する

　詳細はGoogle公式サイト内の下記のURLにあります。

URL https://developers.google.com/web/fundamentals/
security/hacked/clean_site?hl=ja

　適切な対応をすれば復旧できるので、焦らずに慎重にこの手順に従って対応するようにしてください。

2-10 ◆ Googleのアルゴリズムが自動的に不正リンクが張られていることを検知

　2012年のペンギンアップデートの導入以来、Googleは不正リンクに対する取り締まりを強化しており、その取り締まりは年々、厳格化してきています。

　自社のサイトに多数の不正なリンクが張られていると、Googleがそれを見つけたときに不正リンクに対するペナルティを与えます。

　不正リンクには次のようなものがあります。

　（1）金銭を渡すことによりリンクを購入した場合

　（2）過剰なアンカーテキストリンクを増やした場合

　（3）急激に被リンクを増やした場合

　（4）クリックされない陰性リンクを増やした場合

　（5）SEO目的のためだけに作られたサイトからのリンクを増やした場合

　これらの不正リンクはペンギンアップデートが実施される2012年以前はむしろ上位表示に効果のある手法でした。しかし、こうした手法ばかりを繰り返すサイトがGoogleで上位表示してしまうという状況が続きました。こうした状況が続けばユーザーが本来、見たいと思う質の高いサイト、人気のあるサイトが見つかりにくくなり、Googleはユーザーを失うことになります。

　ユーザーを失わないためにGoogleは不正リンクへの対応を年々、厳しくして、検索結果ページから不正リンクによって検索順位が高くなっていたサイトのほとんどにペナルティを与え、順位を下げることに成功しました。

①金銭を渡すことによりリンクを購入した場合

　本書ですでに述べたようにGoogleは不正リンクを売った側も、買った側も両方処罰します。金銭を渡して張ってもらうリンクは必ず「rel="nofollow"」属性または「rel="sponsored"」属性を<a>タグに追加してもらわなくてはなりません。これをすればGoogleからペナルティを受けずに済みます。

これまでリンクを購入してリンクを張ってもらい、いまだにそのリンクがされたままの場合は、リンクを張ってくれているページのソースを見て「rel="nofollow"」属性または「rel="sponsored"」属性が<a>タグに追加されているかを確認してください。そして、されていなかったら追加するよう依頼してください。万一、追加してくれないようならば、そのリンクを削除するよう依頼して必ず削除してもらってください。

②過剰なアンカーテキストリンクを増やした場合

アンカーテキスト中に記述された内容は自然でなくてはなりません。アンカーテキストというのは「<a href="http://www.suzuki-koumuten.com">鈴木工務店</a>」というように<a>と</a>の間に記述された「鈴木工務店」というテキスト部分のことをいいます。

この部分に「鈴木工務店」というアンカーテキストが書かれるのはよく見られる形ですが、この部分に「工務店 神奈川」と入れるのは不自然です。

なぜなら、通常、人は他人のサイトにリンクを張るときにサイト名か会社名をアンカーテキストにしてリンクを張るか、URLをそのままアンカーテキストにしてリンクを張るからです。

◉自然なアンカーテキストの例

```
<a href="http://www.suzuki-koumuten.com">鈴木工務店</a>
<a href="http://www.suzuki-koumuten.com">http://www.suzuki-koumuten.com</a>
```

◉不自然なアンカーテキストの例

```
<a href="http://www.suzuki-koumuten.com">工務店 神奈川</a>
```

にもかかわらず「工務店 神奈川」と入れてリンクを張るのはあたかも「工務店 神奈川」というキーワードで上位表示を目指しているかのようです。

こうした不自然なアンカーテキストが1つ2つ程度あるだけならよいのですが、何十、何百もそのサイトにあればそれはSEOのためだけのリンク対策をしているのではないかとGoogleに察知されてリンクに関するペナルティを与えられる可能性が生じます。

　こうした過剰なアンカーテキストリンクをしてもらっている場合は自然なアンカーテキストに変更してもらうかリンクそのものを削除してもらう必要があります。

③急激に被リンクを増やした場合

　Googleは被リンク元の増加率を監視しています。急激に被リンク元が増えること自体には問題はありません。多くのユーザーが見たい情報がサイトに掲載されれば検索エンジンを通じて多くのユーザーがそのサイトを訪問します。そしてその情報を他の人達にも知ってもらいたいと思ったとき、サイトを管理しているサイト管理者の多くが紹介をするためにそのサイトにリンクを張ることがあるからです。

　しかし、その場合、単に被リンク元が急激に増えるだけではなく、同時にそのリンクをクリックして訪問するユーザー数も比例して増えるはずですが、SEO目的のためだけにリンクを張った場合、そのリンクをクリックする人達の数はほとんどいません。そのため、たくさんのアクセスが発生することはなく、単に被リンク元の数だけが増えるという結果になります。

　Googleはこのように被リンク数の増加率とそのリンクをたどって訪問したアクセス数を比較しています。

●Googleが被リンク元の数の増加とアクセス数の増加を比較しているイメージ図

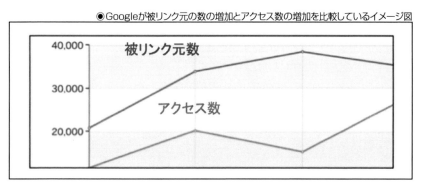

そして被リンク数だけが急に増えて、それに伴ったアクセス数が増えない場合は、そのリンクは不正なSEO目的だけのリンクではないかと疑うようになります。

短期間で検索順位を上げるために、まとめてたくさんのサイトからリンクを張ってもらうことが2012年前までは当たり前のように行われていました。一定の料金を払えば多数のリンク集に登録してリンクを張ってくれたり、多くのブログで紹介記事を書いてリンクを張ってくれるというサービスがありました。

そうしたサービスを利用すると利用したときだけ一気にリンク元の数が増えます。それ以外の時期にはリンク元の数はほとんど増えません。

Googleがこうした特徴を捉えて不正リンクを集めたサイトを見つけ出してペナルティを与えるようになった現在、こうしたサービスを使うことは避けなくてはなりません。

すでにこうしたサービスを使って不正なリンクを増やし、今でもリンクが張られている場合は、そうしたリンクのすべてを削除するようにリンク販売者に依頼してください。

④クリックされない陰性リンクを増やした場合

Googleが公開している技術特許の1つに陽性リンクと陰性リンクの判別に関する特許があります。陽性リンクというのはユーザーにクリックされているリンクのことで、通常、陽性リンクはページ内の比較的目立つ部分にあります。一方、陰性リンクはユーザーにクリックされないリンクのことで多くの場合、ページ内の目立たない部分にあります。

このGoogleの特許によると陽性リンクは高く評価され、陰性リンクは高く評価されないということです。

通常、陰性リンクはページ内の目立たない部分から張られています。目立たないからサイト訪問者にリンクテキストやリンク画像を発見してもらえず、ずっとクリックされないままになるのです。陰性リンクであるかどうかはそのサイトからリンク先の自社サイトに多数のユーザーが移動しているかによってわかります。

つまり、リンクがサイト訪問者に発見されてクリックされていれば、必ずリンク先であるサイトのアクセス解析ログに流入元としてリンクを張ってくれているサイトのURLがデータとして現れるからです。

自社サイトにGoogleアナリティクスが設置されているならば、「集客」→「すべてのトラフィック」→「参照サイト」で参照サイトのランキングを見て、そのどこかにリンクを張ってくれているページのURLが表示され、かつ複数のセッション数が表示されていたらリンクはクリックされており、陰性リンクではないということがはっきりします。

	参照元	集客		
		ユーザー ↓	新規ユーザー	セッション
		479 全体に対する 割合: 3.57% (13,428)	**275** 全体に対する 割合: 2.18% (12,606)	**868** 全体に対する 割合: 5.33% (16,273)
1.	m.facebook.com	**80** (16.23%)	46 (16.73%)	87 (10.02%)
2.	zennihon-seo.org	**78** (15.82%)	35 (12.73%)	163 (18.78%)
3.	credit.j-payment.co.jp	**62** (12.58%)	0 (0.00%)	145 (16.71%)
4.	youtube.com	**56** (11.36%)	42 (15.27%)	97 (11.18%)
5.	t.co	**42** (8.52%)	29 (10.55%)	118 (13.59%)
6.	facebook.com	**29** (5.88%)	15 (5.45%)	82 (9.45%)
7.	prtimes.jp	**12** (2.43%)	10 (3.64%)	18 (2.07%)
8.	sp-web.search.auone.jp	**12** (2.43%)	12 (4.36%)	13 (1.50%)
9.	baidu.com	**11** (2.23%)	11 (4.00%)	11 (1.27%)
10.	jp.mg5.mail.yahoo.co.jp	**10** (2.03%)	4 (1.45%)	11 (1.27%)

⑤SEO目的のためだけに作られたサイトからのリンクを増やした場合

　Googleが存在を認めるサイトはユーザーのために作られたサイトです。本来、ユーザーのためにサイトを作るというのは常識ですが、SEOのためだけにサイトを作る人達もいるのが現実です。そうした人達はドメインを買いサイトを作り適当なコンテンツを載せます。そして検索順位を上げたい目標サイトの順位を上げるためにリンクを張ります。

　こうしたSEO目的のためだけに作られたサイトからリンクが張られているかを知るには、自社サイトにこれまで集めた被リンク元の一覧を見て1つひとつの被リンク元のサイトをブラウザで見て確認することです。

　自社サイトがこれまで集めた被リンク元の一覧は、サーチコンソールに自社サイトを登録すると見ることができます。被リンク元の一覧を見るには、サーチコンソール内にある「リンク」という項目をクリックし、「外部リンクをエクスポート」ボタンをクリックします。

そこで表示される画面の「最新のリンク」→「Googleスプレッドシート」をクリックすると、自社サイト内のページにリンクしているサイトのWebページの一覧が表示されます。

● 「最新のリンク」の選択

これが自社サイトの被リンク元一覧です。そこにはすでにリンクをしていない古い被リンク元も表示されますがかなり正確に被リンク元を見ることができます。

	https://www.ajsa.or.jp/-Latest links-2021-12-12 ☆ 🖿 🖻 ◌		
	ファイル 編集 表示 挿入 表示形式 データ ツール 拡張機能 ヘルプ　　最終編集: 数秒前		
	↶ ↷ 🖶 ⿰ 100% ▾ ¥ % .0 .00 123▾ デフォルト... ▾ 10 ▾ B I S A ◆ 田 三		
E9	▾	𝑓𝑥	
	A	B	C
1	リンクしているページ	前回のクロール	
2	https://www.youtube.com/watch?v=rF11McXM0lk&list=UUF2HEfT0Loex7IgxQ2dmEMw	2021-12-07	
3	https://www.youtube.com/watch?v=KM63B_73O4I&list=UUF2HEfT0Loex7IgxQ2dmEMw	2021-12-06	
4	https://www.youtube.com/watch?v=rF11McXM0lk	2021-12-06	
5	https://www.youtube.com/watch?v=KM63B_73O4I	2021-12-05	
6	https://pelhrimov.info/album/アドワーズ-ログイン	2021-12-05	
7	https://www.youtube.com/watch?v=totuw3D0WHw&list=UUF2HEfT0Loex7IgxQ2dmEMw	2021-12-05	
8	https://itpropartners.com/blog/top_topic/marketer/feed/	2021-12-05	
9	https://www.youtube.com/watch?v=Q854UhY_RN8&list=UUF2HEfT0Loex7IgxQ2dmEMw	2021-12-04	
10	https://www.youtube.com/watch?v=totuw3D0WHw	2021-12-04	
11	https://trasp-inc.com/blog/marke/seo-examination/	2021-12-03	
12	https://twitter.com/htby/status/840132304718635008	2021-12-03	
13	https://prtimes.jp/main/html/rd/amp/p/000000007.000024640.html	2021-12-03	
14	https://twitter.com/alljapanseo	2021-12-03	
15	https://www.youtube.com/watch?v=Q854UhY_RN8	2021-12-03	
16	https://www.web-planners.net/knowledge/direct-access.php	2021-11-30	
17	https://www.web-planners.net/knowledge/mukankei.php	2021-11-30	
18	https://www.web-planners.net/knowledge/Internal-links.php	2021-11-30	
19	https://www.web-planners.net/knowledge/dokujisei.php	2021-11-30	
20	https://www.web-planners.net/knowledge/copycontent.php	2021-11-30	

　この表にはすでにリンクがされていない昔の被リンク元のURLも含まれていますが、最も古いものから新しいものまでのほとんどすべての被リンク元が表示されています。

　この表を見ればユーザーに何の利益も与えないSEOのためだけに作られたサイトからのリンクを張られているかどうかがわかります。万一、そうした不正なサイトからリンクが自社サイトに張られていることがわかったら、連絡先がわかるようなら必ずリンクの削除依頼をするようにしてください。

2-11 ◆ Googleのサーチクオリティチームが肉眼でサイトの品質に問題があると判断

　これまでGoogleがアルゴリズムによって自動的に与える不正リンクの種類と対処方法について述べてきましたが、アルゴリズムでは判定することができない発見困難なものは、人的な作業によって発見し、ペナルティを与えるようになっています。

これは本章ですでに述べたようにGoogleが運営するサーチクオリティチームという特別チームが「Google General Guidelines」という品質ガイドラインに基づいてそうしたアルゴリズムだけでは判定できない不正行為やコンテンツの信頼性を審査するのです。

　Googleは不正行為の情報収集をするために、スパムレポートフォームという検索ユーザーが不審に思うサイトを通報するツールから寄せられる大量の苦情からも不審なリンクを見つけるための情報収集をしています。

　スパムレポートフォームはスパムの種類によってさまざまなフォームがあります。主だったものとしては「有料リンクを報告」というフォームと、Googleの検索結果で上位に表示されるように隠しテキスト、誘導ページ、クローキング、不正なリダイレクトなどのさまざまなトリックを報告するフォーム、そして著作権違反を報告するページがあります。

　これら3つの問題は人間の判断力を必要とする高度な問題のため、トレーニングを受けたGoogleのチームが慎重に一定の時間をかけて審査して問題が実際にあると判断した場合はペナルティを与えます。

　有料リンクや隠しテキストなどの問題があると判定された場合はペナルティが与えられます。そして、これらの問題がなくなるまでペナルティは解除されません。こうした状態が続くと、サイトを運営する企業に甚大な経済的打撃が与えられることになります。

　こうした問題を解決せずにGoogleに問い合わせをして申し開きをしたり、弁護士事務所などを使って法的な働きかけをしても、ペナルティが解除されることはほとんどありません。Google側もこうした対応は予想しており、一定のやり取りはしてくれますが、決してペナルティは解除されません。ペナルティを解除するのはペナルティの原因をサイト運営者がなくして問題を解決したときだけです。

　これらの人的なペナルティの中でも特に深刻なのが著作権の侵害によるサイトの削除です。サイトの中にあるコンテンツが著作権を侵害しているとGoogleのスタッフが判断した場合、そのサイトはGoogleのデータベースから削除されます。

また、最近ではあまり見かけなくなりましたが「アメリカ合衆国のデジタルミレニアム著作権法に基づいたクレームに応じ、このページから1件の検索結果を除外しました。ご希望の場合は、chillingEffects.orgにて除外するに至ったクレームを確認できます。」というメッセージとその経緯について英文で書かれた、Chilling Effectsという著作権問題を追求するサイトへのリンクが張ってあることが何度かありました（Chilling Effectsは現在、Lumenという名称に変更されており、URLは「https://lumendatabase.org/」に変更されています）。

　実際に以前あったのが、医療に関するサイトの内容をほとんどそのままコピーして文章やデザインの体裁だけを別のものにしただけのサイトが国内にありました。

　コピーされた側の企業がGoogleにその旨報告した結果、何カ月もの間、コピーした側のサイトがGoogleの検索結果上に表示されているときに前述のメッセージが表示されていました。そのコピーした側の著作権違反サイトは、結局、サイト管理者によって閉鎖され、その情報は今ではGoogleの検索結果には表示されていません。

　こうしたメッセージがGoogleの検索結果上に表示されていると、企業の信用が失墜して大きな経済的な損害が生じることがあります。そして、サイトの閉鎖や企業の倒産につながることすらあります。こちら側に何の落ち度もない場合は必ず弁護士を通じて冷静に、かつ、迅速にGoogleに連絡をしてメッセージを解除してもらうように働きかけてください。

　Googleはこうした不正行為の他に、コンテンツの信頼性のチェックに力を入れるようになりました。2017年12月6日にいわゆる「医療アップデート」を実施して以来、病名、症状名、薬品などのキーワードで上位表示するには信頼性という新しい基準を満たす必要が生じました。その理由はGoogleがWeb上に蔓延する偽情報や不正確な情報を検索結果上から排除してマスメディア並みに増大した影響力とそれに伴う社会的責任を果たそうとしているからです。

その後、コンテンツの信頼性がことさら要求されるのは医療や健康だけでなく、金融や法律などのコンテンツを提供しているサイトにも及ぶようになりました。Googleはこうした分野のことをYMYL（Your Money Your Life：お金と人生に影響を及ぼす分野）と呼び、コンテンツの信頼性が低いサイトは上位表示させないようにしました。

　YMYLの業界は主に次の内容に関わる業界です。

（1）医療
（2）健康
（3）美容
（4）法律
（5）金融

　これらの業界のサイトの運営者はサイト内にコンテンツを発信するに値する資格、許認可、実績を持っていることと、各コンテンツが正確なものであるという根拠を示すために客観的データ、証拠、出典元などを明確にすることが求められるようになりました。

　Googleの公式情報によると同社はコンテンツの信頼性に関してE-A-Tという基準を持っています。E-A-Tは次の3つのことです。

（1）Expertise：専門性
（2）Authoritativeness：権威性
（3）Trustworthiness：信頼性

　自社サイトがYMYLの業界である場合は、自社サイトにE-A-Tが十分にあるかを確認してください。そして、少しでも不足しているところがあったらE-A-Tを高めるための対策を実施しなくてはなりません。なお、E-A-Tに関する詳細は、『SEO検定 公式テキスト 2級』の第1章を参照してください。

2-12 ◆ コンテンツがユーザーの検索意図を満たしていない

2018年8月から2021年6月、7月、11月と立て続けに実施されたコアアップデートによって、ユーザーが検索するキーワードの背景にある検索意図を満たすコンテンツを掲載したページがGoogleで上位表示するようになりました。

検索意図を推測する方法はとてもシンプルです。それは実際に自分が上位表示を目指すキーワードでGoogle検索を行い、どのようなページが上位表示しているのかを注意深く分析することです。

そして、自分が上位表示を目指すページのコンテンツと上位表示している競合ページのコンテンツがかけ離れたものである場合は、そのページの内容を思い切って書き換えるか、新たに別のページを作ってそのページで上位表示を目指すようにしてください。なお、検索意図に関する詳細は、『SEO検定 公式テキスト 3級』の第3章を参照してください。

 検索順位復旧の効果的な手順

3-1 ◆ 最短での順位回復がSEO担当者に求められる

SEO担当者の力が評価されるのは担当するサイトの検索順位を上げたときだけではありません。むしろ、検索順位が何らかの理由で下がってしまったときに、原因は何かを考え、1つひとつ可能性があるものをチェックし、順位を回復させたときこそ高く評価されます。

検索順位を復旧させなくてはならないときには多くの時間をかけることは許されません。時間がかかればかかるほど、企業にとっての経済的な損害は増えるからです。最短で、そして確実に検索順位を回復させるのには復旧作業の順番を工夫することです。

このことを実現するためには、特定の順番で原因を調べて対策を取ることが最も効率的なことがわかってきました。

3-2 ◆ 最短で順位を復旧させるための12のステップ

これまで解説してきた検索順位が落ちる12の原因は次の通りでした。

- 【原因①】レンタルサーバーの不調・仕様変更
- 【原因②】サイト運営者のミス
- 【原因③】SEO目的のリンク販売をしている
- 【原因④】目標キーワードとページテーマにギャップがある
- 【原因⑤】トップページの目標キーワードとサイト全体のテーマに ギャップがある
- 【原因⑥】コンテンツのオリジナル性が低い
- 【原因⑦】別ドメインの類似サイトを運営している
- 【原因⑧】他社が運営している別ドメインのサイトに自社サイトのコンテンツの一部をコピーしている
- 【原因⑨】Googleのアルゴリズムが自動的にサイトの品質に問題があることを検知
- 【原因⑩】Googleのアルゴリズムが自動的に不正リンクが張られていることを検知
- 【原因⑪】Googleのサーチクオリティチームが肉眼でサイトの品質に問題があると判断
- 【原因⑫】コンテンツがユーザーの検索意図を満たしていない

効率的な復旧作業の順番は、その12の原因に対して次のような順番で実施することです。

①ステップ1　【原因⑫】コンテンツがユーザーの検索意図を満たしていない

コアアップデート実施後は特に、検索意図を満たしていないコンテンツを掲載したページは上位表示が困難です。

②ステップ2　【原因⑪】Googleのサーチクオリティチームが肉眼でサイトの品質に問題があると判断

Googleはアルゴリズムで検知できない複雑な問題はマンパワーを使って見つけようとします。

③ステップ3　【原因③】SEO目的のリンク販売をしている

ステップ2とステップ3は、Googleのサーチクオリティチームが人的に対応して何か問題があればサーチコンソールにある「メッセージ」というリンクを押して表示されるGoogleからのメッセージコーナーに警告文が来ます。

◉旧サーチコンソール内に届いたGoogleからのメッセージ

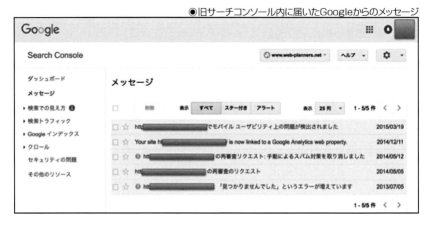

その警告文では問題の指摘とその解決方法を比較的丁寧に説明されているので、その通りに問題を修正すればペナルティは解除されて検索順位は通常数週間以内に復旧します。

必ずサーチコンソールに自社サイトを登録し、こうしたメッセージが受け取れる体制を整えるようにしてください。

④ステップ4　【原因①】レンタルサーバーの不調・仕様変更

ステップ4はサイトがつながるかを確認し、つながらなかったらレンタルサーバーやドメイン名の管理者と連絡を取り合い、支払いが期限内にされているかを確認してください。

そして、支払いがされていないためにサイトがつながらないことがわかったら、至急、相手先に連絡し、支払いを済ませるようにしてください。ドメイン名の失効の場合はまだ他人がそのドメイン名を購入していなければ追加料金を払うことによりドメイン名は復旧してサイトが見れるようになります。

また、レンタルサーバー料金の支払いが滞っていてサイトがつながらないことがわかった際は、サイトからファイルが削除されていなかったら料金と追加料金を払えばサイトがつながり、徐々に順位が回復していきます。削除されていた場合は料金を払い、サーバーを使えるようにしてもらってすぐにファイルをアップロードし、サイトが見られる状態にしてください。

⑤ステップ5　【原因②】サイト運営者のミス

サイト運営者のミスのほとんどが単純なケアレスミスです。前述したように慎重に問題があるかを確認し、見つかったら速やかに問題を解決してください。

⑥ステップ6　【原因⑧】他社が運営している別ドメインにコンテンツの一部をコピーしている

自社が関わっているサイトの一覧表を作ることが有効です。自社が運営している独自ドメインサイト、他社のドメインで運営しているサイト、コンテンツを提供した他社のサイト、登録したポータルサイトなど、すべてのページのURLや掲載したコンテンツの内容をExcelなどの表で管理するようにしてください。

もしも、現在どのようなサイトに自社の情報を提供しているかがわからない場合は、Googleで自社名や自社商品名で検索をすると自社のコンテンツがあるサイトを見つけることができます。

⑦ステップ7　【原因⑦】別ドメインの類似サイトを運営している

これも普段からExcelなどの表に記録をしておけば間違いは起きにくくなります。必ず自社がどのようなサイトを運営しているか、そして親会社、子会社などの系列会社がある場合もそれらのサイトのURLとサイトのテーマやトップページの目標キーワードなどを表に記録するようにしてください。

そうすることによって別ドメインで複数の類似サイトを自社が運営している
かがわかりやすくなります。

	1	2	3
1	サイト名	目標キーワード	目標ページURL
2	鈴木歯科医院公式サイト	世田谷 歯科	http://www.suzuki-shika.com
3			
4	世田谷矯正歯科センター	世田谷 矯正歯科	http://www.setagaya-kyousei.com
5			
6	世田谷審美歯科センター	世田谷 審美歯科	http://www.setagaya-shinbi.com
7			
8	世田谷インプラントセンター	世田谷 インプラント	http://www.setagaya-implant.com
9			
10	インプラントセミナー専門サイト	インプラント 東京	http://www.implant-seminar.com
11			
12	インプラント研究室	インプラント	http://www.implant-kenkyushitsu.com

⑧ステップ8 【原因⑨】Googleのアルゴリズムが自動的にサイトの品質に問題があることを検知

低品質コンテンツのあるページはGoogleが開発した数々の検索アルゴリズムにより発覚することになります。

⑨ステップ9 【原因④】目標キーワードとページテーマにギャップがある

ユーザーが検索したキーワードとページにあるコンテンツのテーマに関連性がない、あるいは低いと検索順位が下がります。この傾向はコアアップデート実施後特に顕著です。

⑩ステップ10 【原因⑤】トップページの目標キーワードとサイト全体のテーマにギャップがある

ユーザーが検索したキーワードとページにあるコンテンツのテーマに関連性があったとしても、Googleはサイト全体の関連性もチェックしています。そのためサイト全体の関連性がない、あるいは低いとどんなに特定のページとの関連性が高くても検索順位が上がりにくくなる傾向があります。

⑪ステップ11　【原因⑥】コンテンツのオリジナル性が低い

　Web上にある他のページと類似したコンテンツがあると上位表示は困難になります。

　ステップ8からステップ11については、前述した手順で問題があるかを確認して少しでもあれば解消するように対応してください。

⑫ステップ12　【原因⑩】Googleのアルゴリズムが自動的に不正リンクが張られていることを検知

　最後のステップであるステップ12は非常に深刻な問題です。なぜなら不正リンクを放置している限り、他のどんな方法で復旧を試みても検索順位は回復しないからです。前述したようにサーチコンソール内で閲覧できる被リンク元一覧をダウンロードして不正リンクがあるかを確認してください。

●サーチコンソールでダウンロードした被リンク元リスト

そして不正リンクを見つけた場合は、次のいずれかの対策を取るようにしてください。

(1)不正リンクをサイト運営者に削除してもらう

不正リンクを張っているサイト運営者に連絡ができるかを確認して、連絡が取れるようならば、つまり相手先のメールアドレスか、電話番号、あるいは問い合わせフォームが先方のサイトにある場合は事情を説明して速やかにリンクを削除してもらうように依頼をする

(2)不正リンクを否認する

不正リンクを張っているサイトへの連絡先が見つからない場合は不正リンクを削除してもらうことは困難になります。その場合はサーチコンソールにログインし、そこに書かれている手順に基づいて「リンクの否認」という作業を実施してください。

●サーチコンソール内にある否認ツール

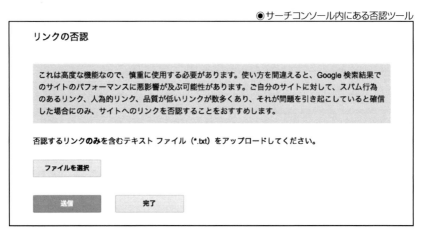

否認方法は頻繁に変更されることがあります。Google公式サイト内の下記のURLを参照してください。

URL https://support.google.com/webmasters/
answer/2648487?hl=ja

(3)ドメインを捨てて新しいドメインに変更する

「リンクの否認」の手続きをして2〜3カ月経っても一向に順位が回復しない場合は、最終手段としてペナルティを受けたドメインを廃止して新しくドメインを取得し、そこにすべてのページを引越してください。ただし、これまで使ってきたドメインのWebページをブックマークに入れているユーザーや、他のサイトのリンクをクリックして来た人達がリンク切れのためサイトに来れなくなることがあります。それを避けるために古いURLにアクセスしたら自動的に新しいURLにユーザーが転送されるように301リダイレクトという手法で自動転送をするようにしてください。

こうして不正リンクでペナルティを受けたドメインを捨てて新しいドメインでサイトを開くようにすると、通常、その時点から3カ月以内に順位を回復することが検証されています。

ただし、少しでも古いドメインのあるサーバーにファイルが残っていると順位の復旧はできなくなります。古いドメインがあるサーバーに残すファイルは301リダイレクトをするための「.htaccess」というファイルだけにし、それ以外のファイルは必ず削除するようにしてください。

また、古いドメインのあるサーバーは最低1年間は解約しないようにしてください。そして、その1年の間に古いドメインのサイトに不正ではない正規のリンクを張ってくれているサイトの運営者の連絡先がわかっている場合は速やかに連絡を取り、リンク先URLを新しいドメインのほうに変更してもらうように依頼をしてください。

Googleはドメインをこのように変更することにより、不正リンクの情報はリセットし、これまでのサイトのよい実績だけを新しいドメインに移管してくれます。そして、このやり方によって検索順位は復旧することが確認されています。

不正リンクによってペナルティを受けてしまい、それらを削除できなくて困ったら、この最終手段であるドメインの変更と1年間の自動転送という最終手段を実行することをおすすめします。

以上が最短で順位を復旧させるための12のステップです。ステップ1から順番に実行して最短での順位回復を目指してください。

4 自社に不利な情報を削除してもらう方法

4-1 ◆ 自社に不利な情報とは?

　最後に、検索順位の回復とは話題が逸れますが、最近増えている問題に「自社に不利な情報をGoogleから削除してもらいたい」という要請があります。こうした問題にもSEO担当者は対応しなくてはならないことがあるので、ここではこの問題に対する適切な対処法を説明します。

　自社に不利な情報というのは次のようなものです。

①キーワードサジェストに不本意な言葉が表示される

　Googleに自社の社名を入力するとキーワード予測の部分に「ブラック」だとか、「詐欺」だとか非常に不本意で企業にとってはマイナスイメージになる言葉が表示されることがあります。こうした情報が表示されると取引先や銀行の印象が悪くなり売上減や信用が低下する恐れがあります。また、社内的にもモチベーションが下がってしまうことや、採用活動に支障をきたすことがあります。

②検索結果の上位に誹謗中傷をしているサイトが表示されている

　たとえ根拠がないものであっても自社のことを悪く言っているサイトが見込み客や取引先に悪い印象を与えることになります。

4-2 ◆ 削除してもらう方法

　こうした情報を削除してもらうには、Googleが用意している報告フォームを適切に利用することが必要です。

①キーワードサジェストに不本意な言葉が表示される

この問題に対してはまず、下記のページにアクセスします。

URL https://support.google.com/legal/answer/3110420?hl=ja

このページのメニューの一番下にある「リクエストを作成」という項目を選択します。そうすると「どのGoogleサービスに関連するリクエストですか?」という質問の書いているページが表示されるので、「ウェブ検索」を選択します。

そして、「お調べになりたいことを入力してください」という質問が出てくるので「上記以外の法的な問題が発生している」というものを選択してください。そうすると、「どのGoogleサービスに関連する申し立てですか?」という質問が出てきます。

そこで、「オートコンプリート・関連検索キーワードに関する問題があります」を選択し、「こちらのページをご覧ください。」というリンクをクリックすると申し立てをするフォームが出てきます。

このフォームに詳細を書いて審査を依頼すると、2カ月くらいかかることがありますが返事がきます。実際に私のクライアントが以前、Googleからもらったメールは次のような内容でした。

●Googleから届いたメッセージ

> Googleへご連絡いただきありがとうございました。
> いただいたリクエストに従い、Google.co.jp から下記の検索補助語句を削除いたしました。
> **オートコンプリート機能:**
> 「XXXXXXXX YYYYYYYYY」
>
> **以上よろしくお願いいたします。Googleチーム**

実際にGoogleで確認したら、削除されていることがわかりました。
「(会社名)+詐欺」「(会社名)+ブラック」などの営業上マイナスになるようなものは、ほとんどの場合、Google社は削除してくれます。

しかし、そこまで深刻ではない言葉の削除は非常に難しいです。その場合の対処策は、弁護士に上記の入力フォームに入力して問題を申し立ててもらうことが1つの方法です。弁護士に推定の損害額や損害が起きている経緯を詳細にわたってフォームで報告してもらってください。

Googleも1つの会社なので、誰が申し立てをするかによって態度を変えることがあります。こうした問題で困っている場合は、これらの方法を参考にしてください。

②検索結果の上位に誹謗中傷をしているサイトが表示されている

この問題を解決することは残念ながら非常に困難です。なぜなら、根拠のない誹謗中傷をしているサイトには後ろめたい気持ちがあるためか、最初から連絡先情報やサイト運営者情報が載っていないからです。そのため、どんなに法的に根拠があったとしても、削除の依頼をすることが物理的に困難なのです。

対処策としては、そのサイトが置かれているサーバー会社または無料サーバーの場合はそのホスティング会社に弁護士から事の経緯と経済的損害が与えられている根拠を説明した内容証明を送ってもらい、その後の対応もしてもらうという方法があります。

客観的に根拠がない誹謗中傷だと判断された場合は、当該サイトの運営者に連絡をして問題の記述を削除してくれるよう伝えてくれることがあります。

そしてそれに対応しない場合はサイトへアクセスができないようにアカウントを停止してくれて、サイトにアクセスができないように処理してくれることがあります。

ただ、この場合も明らかに根拠のない誹謗中傷だと認められた場合だけであり、少しだけネガティブにいっているという程度では、通常、言論の自由の範囲だと判断されて何も対応してくれないことがあります。

また、最終手段として、会社名で検索したときにその他のサイトが上位表示されるように対策をするというものがあります。これは、誹謗中傷サイトが上位表示されないように、自分でより上位表示するためのサイトを複数、作って相対的に誹謗中傷サイトの順位を下げる手法です。

これを実現するには強いドメインを使うことが効果的です。強いドメインとは、Facebook、Twitter、Instagram、LINE公式アカウント、アメブロ、ライブドアブログ、FC2、はてなブログや、その他の無料ホームページサービスや無料ブログ、ソーシャルメディアで会社名をアカウント名にし、それらに対してSEOをすることです。社歴がある程度あるか知名度の高い会社ならば、Wikipediaに自社についての客観的な情報を投稿することも効果的です。

そうすることで会社名で検索して表示されたGoogleの検索結果の上位にそれら強いドメインのサイトやソーシャルメディアが上位表示され、誹謗中傷サイトが1ページ目の下のほう、あるいは2ページ目以降に表示されるようになります。

以上が自社にマイナスを与える情報をGoogleから削除する方法です。問題が大きくならないうちにこうした対処策を早めに講じるようにしてください。

これまで被リンク獲得の手段を間違えるとGoogleから自動的にペナルティを与えられるだけではなく、サーチクオリティチームによって手動でペナルティを受けるリスクについて述べました。こうした事態に陥ると問題となっている不正リンクを削除するか、ドメインを新しいものに変更しないと検索順位は決して元に回復しません。

企業の経営活動に大きな打撃を与えることを避けるためにも企業はリンク対策のポリシーを策定すべきです。そして、そこでは少なくとも次のようなポリシーを掲げるべきです。

(1) SEO目的だけのために作られたサイトからのリンクは決して獲得しない
(2) クリックされる可能性があるリンクだけを獲得するようにする
(3) 広告として金銭を払ったものではないリンクを獲得する
(4) リンクの張られ方は自然なものだけにする

不正リンクのペナルティを受けた後はもちろんのこと、受けていなくても将来、絶対に受けないために、こうしたリンク対策ポリシーを策定して社内や関係取引先にも周知するようにしてください。

SEO担当者の倫理基準

　SEOは両刃の剣だといえます。良い目的のために使い、企業の業績を向上させる力を持っています。しかし、使い方を誤ると企業の業績に大きな打撃を与えることになります。だからこそ、SEOは他社に丸ごとまかせるのではなく、自社が自律的にコントロールできるように普段から正しい情報を収集してそれに基づいて主体的に実践しなくてはなりません。

　SEOによるリスクを避けるためには、少なくとも次のような倫理基準をSEO担当者は持つことが求められます。

①手段を選ばずに検索順位を上げるという態度は持たない

　不正リンクやサイトの内部に不正な行為をすることで目先の検索順位が上がることはあります。しかし、それは時間が経つにつれて必ず検索エンジンのアルゴリズムによって発見されます。そして、大きなしっぺ返しがくることになるので、絶対に避けなくてはなりません。

②すべての施策は必ず上司や関係者に対して説明できるようにする

　SEOはその技術を習得した者以外にはわかりにくいところがたくさんあります。そうしたことを前提として、自らが行うSEO施策の根拠、背景を客観的な第三者の情報やデータというエビデンス（証拠）を収集するようにしてください。そして、必要に応じていつでもそれらを関係者に対して提示できるように準備してください。そうしないと、どんなに正しいSEO施策でも社内や周りの理解を得ることができず、高く評価されるどころか自らの評価を貶めることになります。

③Googleが定めるガイドラインを理解してGoogleが不正行為だと決めたことは絶対にしない

　GoogleはGoogleアップデートとサーチコンソールの提供によってインターネットコミュニティとともにより良い検索エンジンを作ろうとしています。

そのスタンスに理解を示し、Googleが1つの企業として困るような不正行為を避けるようにしてください。

④インターネットコミュニティに存在する他者に対して敬意を払い、その人達の人権を尊重する

非常に残念なことに匿名の誹謗中傷サイトを作ったり、ネガティブなキーワードサジェストが表示されるようなネガティブSEOをする人達、企業がいます。たとえ彼らがそうした人間としての品位を落とすようなことをしようとも、自らは他人に対して思いやりを持ち、そうした卑劣なことは絶対にしないように心がけましょう。

⑤SEOの力を悪用せず善用する

SEO技術が適切に適用されたとき、多くのサイトの検索順位が上がり、そのサイトの情報は多くの人達の目に触れるようになります。そのサイトの情報は決して人を騙してお金を奪うものであってはなりません。そうしたことを続ければ必ず社会的制裁を受けることになり、SEOのせいで自らの未来を閉ざすことになります。

SEOの力を善のために使ってください。それによって社会的に不遇だった人達の未来が開けて幸福になることが可能になります。そして、SEOの力を求める人がいたら進んでその技術を使い、知識を求める人がいたら進んで教えてあげてください。それによって多くの実りを自らが得ることができます。

⑥他人にSEOを丸投げしない

他人にSEOを丸投げすることは企業の運命を他人に決めてもらうことと同じです。SEOという活動は自ら責任を持ち自社が主体的なリーダーシップを持って実施するようにしてください。

⑦常に最新の動向を知る努力をする

　今、有効なSEO技術は、明日にはマイナス効果をもたらす最悪の技術になる可能性がいつもあります。それはSEOというものは基本的に自分の思い通りの検索結果を表示しようとする検索エンジン運営会社の利害と相反するものだからです。今日、効果のある対策は必ず検索エンジン運営者会社が見つけ出し無効化するときが来ると思ってください。だからこそ、常日頃から最新の情報をさまざまな情報源から取得する努力を怠らないでください。

⑧自らのSEO技術を過信しない

　一定のSEO技術を習得するとそれ以前と比べて検索順位を自由に操られるような錯覚に陥ることがあります。そして、それは自らの力の過信という欺瞞を生み出します。

　どんなにSEO技術を取得して上達したとしても、いつも自分は初心者であり、現在の自分のSEO技術が通用しなくなる日が来ると謙虚に思い、それを避けるためにも弛まぬ勉強と仮説、実行、検証のサイクルを繰り返してください。

⑨決断に迷ったらエンドユーザーのためになるかどうかで判断する

　SEOを実施するときに決断に迷う作業に直面することがあります。そのときは「それはエンドユーザーにとってプラスになる行為か?」と自問自答してください。エンドユーザーにとってプラスになる行為は自社の検索順位アップに最終的に役立ちます。なぜなら、Googleはエンドユーザーにとってプラスになる順番でサイトを検索結果ページに表示することを目指しているからです。

　これからもSEOは益々、複雑化して絶えず進化していくはずです。途中でどんな困難や絶望に遭遇したとしてもこうした自らを律し、社会に少しでも貢献するための倫理基準を持ちそれを守っていけばどのような困難も乗り越えることができるはずです。

　次章ではそのSEOを取り巻く環境の変化とその未来について考察してみましょう。

第 **6** 章

SEOを取り巻く環境の変化と その未来

年々、Googleアップデートや新しい消費者行動の
変化によってSEOは複雑化してきています。そして、
そのスピードは今後さらに加速化することが予想さ
れます。

そうした未来を乗り越えるためにはSEOの世界が
どのような方向に向かっているのかその未来を予測
することがサバイバルの第一歩です。

本章では現在起きているSEOを取り巻く環境の
変化と、胎動する将来の大きな変化の「芽」の1つひ
とつについて考察します。

比較・ランキングサイトとユーザーの利便性

Googleの検索結果にはさまざまなサイトが上位表示されており、どのような種類のサイトが上位表示するかは徐々に変化します。

過去数年にわたって年々「比較サイト」と「ランキングサイト」がたくさん作られるようになり、競争率の激しいキーワードであればあるほど上位表示する傾向が高まっているという変化が生じてきました。

一例を挙げると、次の例にあるように競争率が高い美容関連のキーワードなどで検索すると、検索結果1ページ目に表示される10件のうち8件、あるいは過半数を占めるようになってきています。

●「全身脱毛」、「美白化粧品」でのGoogle検索結果上位TOP10

全身脱毛

順位	サイト名	特徴
1	いま全身脱毛サロンが安いしアツい！	ランキングサイト（アフィリエイト）
2	全身脱毛ソルジャー	ランキングサイト（アフィリエイト）
3	全身脱毛おすすめランキングNAVI	ランキングサイト（アフィリエイト）
4	全身脱毛完全ガイド	ランキングサイト（アフィリエイト）
5	安いトコ徹底調査	ランキングサイト（アフィリエイト）
6	怒りの全身脱毛	ランキングサイト（アフィリエイト）
7	美容脱毛サロン ミュゼプラチナム	
8	ミュゼ全身脱毛の効果＠体験者の声	送客サイト
9	全身脱毛＠パリスタイル	ランキングサイト（アフィリエイト）
10	e-脱毛エステ.com	ランキングサイト（アフィリエイト）

美白化粧品

順位	サイト名	特徴
1	美白化粧品ゼミ	ランキング（アフィリエイト）
2	アンチエイジングの神様	ランキング（アフィリエイト）
3	アンチエイジングの神様	ランキング（アフィリエイト）
4	画像検索結果	画像が6件表示
5	＠cosme 美白ランキング	
6	美白化粧品比較	ランキング（アフィリエイト）
7	ヴェラ・ビューティー	ニュースサイト
8	女性100人の口コミ体験談	ランキング（アフィリエイト）
9	資生堂	情報サイト
10	＠完全美白肌ガイド	ランキング（アフィリエイト）

1-1 ◆ 比較・ランキングサイトの増加

　なぜ、このようなことが起きているのでしょうか？　本来GoogleはQDDというアルゴリズムによって検索結果1ページ目に同じ種類のサイトが表示されることを避けるようにしているといわれています。しかし、それでも今日こうした比較サイト、ランキングサイトばかりが検索結果1ページ目に表示されているのはなぜなのでしょうか？　偶然として片づけるにはあまりにも長期間こうした状況が続いていますし、年々こうした例が増えているために無理があります。

●「全身脱毛」で上位表示されている比較・ランキングサイトの例

サロン名	月額	キャンペーン	申し込み
エタラビ	月額 9,500円	4か月無料	詳細はこちら
キレイモ	月額 10,260円	初月無料	詳細はこちら
銀座カラー	月額 10,692円	2か月無料	詳細はこちら
ラットタット	月額 7,344円	3か月無料	詳細はこちら
シースリー	月額 8,100円	2か月無料	詳細はこちら
脱毛ラボ	月額 4,298円	5か月無料	詳細はこちら

月額制全身脱毛で人気のサロンの最新キャンペーン比較（※金額は全サロン税込み価格で表示しています）

　Googleは基本的に、そのときどきで検索ユーザーが望むであろうサイトを検索結果の上位に表示させようとします。もしそうならば、なぜGoogleはこうした比較、ランキングサイトばかり偏って検索結果1ページ目に表示させるのでしょうか？

　考えられる理由は、需要が高いからです。つまり検索ユーザー、消費者がそうしたサイトを見たがっているということをGoogleの検索結果上のクリック率というデータやクッキー技術を使うことによって認識している可能性が高いといえます。

ではなぜ、検索ユーザー、消費者はそうした単純な比較、ランキング情報を見たがっているのでしょうか？

　その答えを教えてくれるのではないかというエピソードが先日ありました。私のクライアントで法人向けの代行サービスをしている人が、サイトに設置したGoogleアナリティクスを分析し、重要な点に気が付いたと教えてくれました。それは、サービスのお申し込みフォームにサイト訪問者が行く前に必ず見られるページがあるという事実に気が付いたそうです。サービスのお申し込みフォームに行く訪問者のうち、99%近くがサービスの比較表が掲載されているページを見るということがわかったのです。これは別の言い方をすれば、サービスの比較表を見ないと申し込みをしないということでもあります。

　ということは、私達も自社サイト上で複数の商品やサービスを販売している場合は、比較表を見せ、そこから申し込みページにリンクをわかりやすく張ればサイトの成約率が高まるということを意味するはずです。

　そうした視点でいくつかの会社のサービス案内ページを観察したら、驚いたことに業界トップクラスの企業ほどサイトのトップページに、あるいは商品案内ページの上のほうにいきなりサービスや商品の比較表があることに気が付きました。

●業界トップクラスのレンタルサーバー会社のトップページの例1

ライト	スタンダード 初期費用無料！キャンペーン中	プレミアム	ビジネス	ビジネスプロ
広告なしブログ、シンプルにホームページを運用したい方へ！	WordPress、EC-CUBE、独自SSL対応の人気No.1プラン！WSNI SSL	動画や画像など多くのファイルを公開したい方へ！	複数人管理可能！サイトの運用・更新を外部委託しやすい法人向けプラン！	充実のセキュリティ！独自SSL対応でビジネスを強力にサポート！
容量 10GB	容量 100GB	容量 200GB	容量 300GB	容量 500GB
月額換算 129円 (年間換金 1,543円)	月額 515円	月額 1,543円	月額 2,571円	月額 4,628円
2週間お試し無料！ ▶ お申し込みはこちら	2週間お試し無料！ ▶ お申し込みはこちら	2週間お試し無料！ ▶ お申し込みはこちら	2週間お試し無料！ ▶ お申し込みはこちら	2週間お試し無料！ ▶ お申し込みはこちら
PHP4/PHP5	PHP4/PHP5	PHP4/PHP5	PHP4/PHP5	PHP4/PHP5
マルチドメイン	マルチドメイン	マルチドメイン	マルチドメイン	マルチドメイン
メールアドレス無制限	メールアドレス無制限	メールアドレス無制限	メールアドレス無制限	メールアドレス無制限
SQLite	SQLite	SQLite	SQLite	SQLite
-	WordPress	WordPress	WordPress	WordPress
-	EC-CUBEなどのCMS	EC-CUBEなどのCMS	EC-CUBEなどのCMS	EC-CUBEなどのCMS
-	MySQL複数利用	MySQL複数利用	MySQL複数利用	MySQL複数利用
-	シェルログイン	シェルログイン	シェルログイン	シェルログイン
-	独自SSL[SNI SSL(ネームベース)]	独自SSL[SNI SSL(ネームベース)]	独自SSL[SNI SSL(ネームベース)]	独自SSL[SNI SSL(ネームベース)]
-	共有SSL(データ暗号化)	共有SSL(データ暗号化)	共有SSL(データ暗号化)	共有SSL(データ暗号化)
			複数管理人(権限をユーザー毎設定)	複数管理人(権限をユーザー毎設定)
				独自SSL(IPアドレスベース)

▶ 全プランの比較はこちら

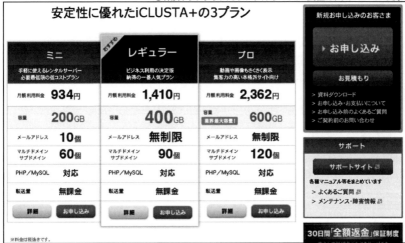

ご覧のように業界トップクラスの人気サービスのサイトでは案内ページやトップページにアクセスすると、いきなり比較表が表示されており、次のような共通点があります。

(1) ページの上部にいきなり比較表が掲載されている

(2) 複雑な技術的な用語を極力使わずに短めのわかりやすい言葉を比較表内に書いている

(3) ユーザーが知りたそうな料金や容量、マルチドメイン対応かなどがピンポイントで書かれている

(4) 比較表の下にいきなり申し込みボタンがありすぐに申し込みができるようになっている

(5) もっと詳しいことを知りたい人には詳細の比較表へのリンクが張っている

以前に比べて年々こうした比較表が目立つ部分に表示されている例が増えているはずです。

1-2 ◆ 情報の氾濫と消費者の混乱

　このように明らかにGoogleは年々、比較サイトやランキングサイトを優遇するようになってきています。そして売れている企業のサイトでも比較表が増えてきています。

　なぜこうした傾向が増えているのかというと、おそらくインターネットが普及してかなりの時間がたった今、ネット上にはユーザーが消化できる量以上の情報が氾濫しているため、ユーザーは最低限の重要ポイントだけを手っ取り早く比較し、即申し込みができる情報を求めているということが考えられます。

　情報があればあるほどユーザーは混乱してしまいます。情報がたくさんあり過ぎるとユーザーは次のような行動をするはずです。

　(1)情報を読み取ることが億劫になり購入という決断をしなくなる

　(2)よりシンプルな情報があるサイトを探すようになる

　(3)ユーザー視点で作られたシンプルな比較情報があるとそれを食いつくように見る

　(4)納得したらその時点で購入という決断をする

　Google上には情報がたくさんあります。しかし、1つひとつのサイトを見て比較しようにもサイトによって情報の見せ方が違っており、比較するのが困難になっています。だからこそ、わかりやすいように比較し、しかもどれが最もおすすめなのかという結論までユーザーに代わって出していればユーザーは頭をあまり使わなくて済みます。

　サイトにおいても同じことがいえます。1つの企業のサイト上で複数の商品やサービスが選べるとき、ユーザーはそれぞれがどう違うのか比較をしなくてはなりません。こうしたユーザーの気持ちを察している前述の大手サーバー会社は比較表を作り、そのニーズに対応しています。だからこそ、ユーザーはそこで納得して購入という最終決断をしているのではないでしょうか？

ということは、お客さんというのは迷っているうちは申し込みをしないということです。そして優秀な営業マンや販売員はお客さんが迷っていることを察知し、その迷いがなくなるように応対したり、事前にわかりやすい比較表やPOPなどを作ったりしているのです。

　以上が、なぜGoogle上で比較、ランキングサイトばかりが上位に表示されるようになってきたのか、そして、なぜ一部のサイトでは他のサイトよりも商品が売れているのかの理由です。

　こうした比較ランキングという習慣が根付いた今、次のことに気を付けるべきです。

　　（1）比較ランキングサイト上で単に価格面で比較されて不利にならないように価格面以外の商品やサービスの中身、あるいはそのアフターサービスで競合と差別化をする

　　（2）自社サイト上で複数の商品やサービスを販売する際は、それらの違いが一目でわかるようにシンプルな比較表を作る

　　（3）その比較表はなるべくトップページの上のほうか、商品案内ページの上のほうにいきなり掲載し、迷っている見込み客の迷いをなくすよう心がける

　　（4）その比較表のすぐ下には即時に申し込みができるように申し込みボタンを設置する

　今後も、Googleがどのようなサイトを上位表示させるのか、そしてユーザーがどのようなサイトを好むのかその傾向は変化するはずです。過去のやり方に固執したり、それを単に繰り返すのではなく、常に検索結果上に表示されるサイトの種類とそれらサイトのページの構成要素やプレゼンテーション方法を観察しなくてはなりません。そして、そこから気が付いたことを自社のサイトにスピーディーに反映することが重要です。

2 人工知能の実装

2-1 ◆ Googleが導入したAI

2015年10月、1つの重要な発表がされました。それはGoogleが人工知能を使って検索順位を算定し始めたというニュースです（Bloomberg 2015年10月26日）。このGoogleの人工知能の名前は「ランクブレイン」といい、文字通り検索順位を算定する頭脳という意味です。しかもこの人工知能は機械学習型のもので、人間が情報を与えなくても自律的に学習活動を行いパワーアップするという、まるで生命のような特性を持つ強力なものです。

こうした動きはコンピューターの進化の過程では前々から予想はされていましたが、問題はこの動きによってSEO担当者にどのような影響が及ぼされるかです。

別のニュースによると『Google検索エンジンには1秒あたり数百万のクエリが寄せられるが、そのうち「かなりの部分」を「RankBrain」と呼ぶAI システムが処理している。Googleが1日に受け取るクエリの15%はこれまで一度も見たことがない問い合わせで、RankBrainはそうした未知のクエリや曖昧なクエリの処理に優れているという。人間の直感や推測のような方法で言葉を翻訳し、意味を解釈する。』（IT PRO 2015年10月27日）とあります。

人工知能というと怖い響きがありますが、今は冷静にそのSEOに対する影響を考えなくてはなりません。それは各種の情報を総合すると「検索ユーザーの検索意図を把握して、最も適切な検索結果を返す」ということです。

ここで重要なキーワードは「検索ユーザーの検索意図」という言葉です。海外のSEOの本やニュースサイトでも頻繁に言及されるのがこの言葉です。ユーザーが特定のキーワードで検索するときにどのような情報を求めているのか、それを正確に把握してそのニーズを満たすためのコンテンツをWebページとして提供することが今後、SEO対策成功の上で益々重要になると思われます。

一例を上げると「肩こり」というキーワードで検索ユーザーが検索したとき
にユーザーはどのような情報を求めているのでしょうか?　可能性としては次
のようなことなどが考えられます。

　(1)肩こりを治してくれる整体院を探している
　(2)肩こりに効く薬を探している
　(3)肩こりの治し方、緩和の方法を知りたい
　(4)肩こりについて研究をするための情報を探している

　2011年くらいのGoogleの検索結果には、これら4つのパターンのうち、ど
れか1つのニーズを満たすためのサイトばかりが上位を占めるようなことがよ
くありました。しかし、それでは他のニーズを持っている人達にとっては満足
のいく検索結果にはなりません。
　膨大な検索ユーザーの検索のデータを蓄積し、どのページが検索結果
上でクリックされたのかをすべてクッキーなどの技術によって記録して、ユー
ザーの検索キーワードとそのユーザーが実際にクリックしたページを比較し
てデータを蓄積します。そして、このキーワードで検索するユーザーはこうし
たWebページを探しているということを人工知能は学習するはずです。
　となると、ここで私達が心がけなくてはならないのは、次のことでしょう。

　(1)ユーザーの検索意図を推測する
　(2)その検索意図に対応すべきコンテンツを作ってWebページに載せる

　しかし、これだけでは不十分です。なぜなら、さまざまな検索ユーザーは
さまざまな異なった検索意図を持って検索するからです。
　ではどうすればよいのかというと、さまざまな検索意図を満たすWebペー
ジを1つひとつ作ることです。そうしなければ本来は4人来るべき検索ユー
ザーの1人しか自社サイトに来なくなってしまうからです。

たとえば、私達が整体院を経営していて患者さんを集客したいなら、何か1つの検索意図を満たすコンテンツに偏らず、次のようになるべく多面的に情報提供することです。

検索意図	対応	具体的なコンテンツ
(1)肩こりを治してくれる整体院を探している	自分の整体院を詳しく説明する	院の特徴、先生の挨拶、院の方針、患者様の声、相談事例
(2)肩こりに効く薬を探している	自分は薬を売っていないとしても、市販の薬をたくさん紹介する	国内、あるいは世界の肩こり緩和のための薬の特徴や成分、評判などを紹介する
(3)肩こりの治し方、緩和の方法を知りたい	知識ページを充実させる	Q&A、相談事例、YouTube動画で治し方や緩和の仕方を助手の人を患者に見立てて説明する、写真をたくさん用いて説明する
(4)肩こりについて研究をするための情報を探している	症例報告をする	患者さんのカウンセリングレポート、施術レポートを院の公式サイトがあるドメインにブログを設置して投稿する

Googleの人工知能活用は始まったばかりで今後、さまざまな情報が入手できると思いますが、今はまずこの「検索ユーザーの意図」(User Intent)には多様性があるので、こちらも多様なコンテンツによって対応するということを検討してみてください(検索意図の詳細については『SEO検定 公式テキスト 3級』で詳しく解説しています)。

Googleが導入した2つ目の重要なAI技術は画像認識人工知能です。Googleは2018年に画像認識人工知能の導入を発表しました。その発表は『昨年当社はGoogleレンズをリリースしました。すでに人々はそれをカメラと写真を用いて利用しています。服装や、建物、かわいい犬などを撮影して画像検索をしています。Googleレンズは人工知能技術で画像を分析し画像中に写っている物体を検知します。』(【出典】Understanding searches better than ever before(https://blog.google/products/search/search-language-understanding-bert))という内容です。

このようにGoogleは、画像ファイルの中に何が写っているかを画像認識人工知能によって理解しているということが明らかになりました。

ライセンスを取得した認定ダイバーは、自立したダイバーとして自分で器材の操作も行い、自由に水中を泳ぎ回ること

その後、Webページ上に自社が上位表示を目指している目標キーワードと関連性が高い画像が多く掲載されているほうが、そうでない場合に比べて上位表示するケースが増えていることがわかりました。

従来のSEOの常識ではGoogleのアルゴリズムに画像の内容を知ってもらうためには画像のALT属性欄に画像についての説明を記述したり、画像の周囲にヒントになる言葉を記述することが対策だと広く知られていました。しかし、この画像認識人工知能の導入により、そうしたことをしなくてもGoogleは画像の意味を理解できるということが明らかになりました。

このことから、次のような関連画像出現頻度を上げることが新しいSEO技術となりました。

（1）上位表示を目指している目標キーワードと関連性が高い画像をページ内に多く掲載する

（2）反対に、関連性の低い画像をページ内から減らす

たとえば、「プリウス」というクエリ（検索キーワード）で上位表示を目指すページには、極力、プリウスの画像だけを載せて、それ以外の画像は減らすのです。実際に関連画像出現頻度を高めたWebページが上位表示する事例が増えてきています。

今後はテキストの編集に頼ったSEOではなく、関連画像出現頻度を高めるという新しいSEO施策が求められます。

2-2 ◆ パーソナルアシスタントの発達

　Googleは検索エンジン市場の9割を押さえ、もはやマイクロソフトのMicrosoft Bingは今の形ではGoogleに勝ち目はないのは誰の目にも明らかな状態です。このままずっとGoogleの支配が未来永劫続くのでしょうか？　1つの企業がずっと市場を支配するということは、移り変わりの激しいWebの世界ではこれまでほとんどありません。ではこの先どうなるのでしょうか？

　ニュース報道という点と点を線でつなげることにより「検索エンジンの次に来るもの」が見えてきます。

　2015年8月に『米マイクロソフト（MS）の最新基本ソフト（OS）「Windows 10」の提供が7月29日に始まった。「7」以降の利用者は無料でアップグレードできるとあって、提供開始から24時間で1400万台以上が「10」を導入するなど、滑り出しはまずまず。』（日経産業新聞　2015年8月5日）という報道がありました。

　これまでずっと有料だったWindowsがなぜ、Windows 10から一部のアップデートにおいて無料になったのでしょうか？　そのヒントが同ニュースの中の『Windowsを愛用してくれている利用者に、これまでで最高のWindowsを早く使ってもらうためだ。生体認証や対話型アシスタント「コルタナ」などの新機能を最大限引き出すことができるパソコン（PC）やタブレットも今後登場するが、まずは手持ちの端末でWindows 10 を体験してもらいたい。そのためには無料でアップグレードできるようにするのが近道と考えた（テリー・マイヤーソン上級副社長）』にあります。

　ここで注目すべきは『コルタナ』というパーソナルアシスタントです。

そして2017年末にもう1つの大きな変化が日本で生まれました。それはスマートスピーカーとして、Amazonが家庭据置型の「Amazon Echo」を、Googleは「Google Home」を、LINEは「LINE Clova」を発売したことです。これらのスマートスピーカーには各社独自の人工知能が搭載され、音声によるボイスサーチという検索エンジンでユーザーが各種情報を検索できます。

米国では、スマートスピーカーの所有者が2018年から40%増の6640万人に達しており、成人の26.2%、実に4人に1人が1台以上のスマートスピーカーを所有しているといわれています。このようにスマートスピーカーの普及に伴い、今「音声検索」を使うユーザーが急増しています。

- 【出典】U.S. Smart Speaker Ownership Rises 40% in 2018 to 66.4 Million and Amazon Echo Maintains Market Share Lead Says New Report from Voicebot

   URL https://voicebot.ai/2019/03/07/u-s-smart-speaker-ownership-rises-40-in-2018-to-66-4-million-and-amazon-echo-maintains-market-share-lead-says-new-report-from-voicebot/

今後のSEOは、こうした音声検索=ボイスサーチにも対応する必要性が
生じます。

マルチデバイス時代

今後のWebマーケティング、SEOの未来を考えるときに1つの重要なキー
ワードがあります。それは「マルチデバイス」というキーワードです。マルチデ
バイスとは、次のような複数の機器でネットユーザーがネット接続をしてコンテ
ンツをダウンロードしたり、検索するというものです。

- スマートフォン
- タブレット
- スマートTV
- ウェアラブル
- 音声アシスタント
- 車載コンピューター

この中の多くのことがすでに実現されていますが、中でもスマートTVの世
界はかなり未開拓な部分があります。

2015年9月にAppleは、Apple TVというスマートTVを発売しました。こ
のとても小さな黒い箱がWeb運営者にとても大きな影響を及ぼす可能性が
あります。それは、新型Apple TVがそのメニューに含める派手な動画配
信サービスでもありませんし、解像度の高いゲームでもありません。確かにそ
れらは娯楽としてはとても素敵なコンテンツですが、私達の疲れを癒やしてく
れるものに過ぎません。

では何が画期的かというと、このスマートTVはtvOSというiOSをアレンジし
たOSで動き、スマートTV用のアプリが一般企業に開放されるという点です。

Apple公式サイトのデベロッパー用のページでは無料でtvOSで動かす
アプリを作るための開発ツールがダウンロードできるようになっています。

　Appleの新製品発表会のプレゼンテーションにはショッピングのアプリの
デモがあり、まるでスマホアプリで買い物をするような感覚でとても簡単に洋
服を購入するシーンがありました。

　4Kの高解像度で洋服のさまざまな写真が散りばめられ、とてもシンプルな
リモコンを操作すると画像をスワイプすることができ、しかも購入ボタンを1度
押せばあらかじめ登録されているApple IDに紐付けられたクレジットカード
で決済が完了します。

　ついにお茶の間でTVを見ながらショッピングが簡単にできる時代が来る
可能性が生まれました。もちろんすでにそうした機能は先発のスマートTV
やVODでもあるでしょうが、Appleが手がけると、とてもシンプルで綺麗な画
面で他のアプリと統一されたインターフェイスで心地よいユーザー体験がで
きるようになります。

Appleはおそらくここでいくつかのビジネスを生み出そうとしているようです。それは次の2点です。

（1）Apple TV上での決済は直接ショップで行うのではなく、Apple ID を通すことになるので、Appleは決済手数料を好きなだけ取れる。また、実店舗ではApple Payという決済サービスを展開するようになったので、それと連動する可能性もある。

（2）スマホアプリ感覚で開発できるtvOS用のアプリ開発キットを無償提供することで、多くの企業がApple TVというプラットフォーム上でAmazonや楽天市場のようなショッピングインフラサービスを展開することができる

　もし、上記の（2）のショッピングインフラサービスが成功すれば、突然、Amazonや楽天市場の競合が生まれる可能性があります。

　AppleInsiderによると『Apple ID のユーザー数は5億人で、その数はFacebookの次に多く、Appleの将来の成長の主要な原動力となる』（2013年6月4日）ということです。

　世界の人口は約72億人なので、12人に1人がApple ID を持っています。しかもこの数字は2013年の数字です。ほんの最近、中国で爆発的にiPhone6が売れたと聞くので、5億人以上がApple IDを持っていることになります。

　この数は軽く世界のAmazonのユーザー数2億人の2倍を超えています。こうした既存の大きな顧客ベースを活用することによりスマートTVの市場が一気に巨大化する可能性があります。そのときには、必ず情報を検索するユーザーの目に触れやすくしたいという企業のニーズが生じます。そして、そこにSEOが生まれるはずです。

　今後は、車載コンピューターやさまざまな生活シーンでの検索が増えるはずです。そして、それはSEO担当者に大きな機会を提供することになるはずです。

検索エンジンの多様化

4-1 ◆ Appleの独自検索エンジンの登場

　2015年5月5日、Appleがひっそりとあるプロジェクトのスタートを発表しました。それは、音声検索のSiriとコンテンツ検索のSpotlightで利用するため、Appleのクローラー「Applebot」をリリースしたということです。

- Applebotについて
  URL https://support.apple.com/ja-jp/HT204683

　このことは米国や日本のメディアでも報道されましたが、SEOの世界でこのニュースの意味は小さくはありません。

　これまで私達はパソコンの前に座り、Googleにキーワードを入力して検索をしてきました。そしてスマートフォンでは徐々にSiriなどのパーソナルアシスタントに向かって音声で検索をするようになりつつあります。

　今はまだ実用性に乏しいものばかりですが、日々、ユーザーログを蓄積して飛躍的に人工知能へのインプットがされてきたときに私達はきっと検索エンジンにキーワードを入れるのをやめるかもしれません。

　スマートフォンや、タブレット、PCのパーソナルアシスタントを呼び出し、「○○の△△を教えて」と言えば、そこには人工知能がそのユーザーの行動履歴や他の類似した行動パターンを取るユーザーが選んだお店や商品の一発回答を得られることでしょう。そこには検索順位2位以下というものは「他にはないの?」と言わない限り教えてはくれなくなるかもしれません。
そのような世の中がもし来るならば、私達サイト運営者はどうすればよいのでしょうか?

　それは特定の分野でナンバーワンになることです。つまり何かのカテゴリを自分で見つけて、その世界でナンバーワンになることです。そうすれば「○○の△△を教えて」とユーザーが質問したときに自社の情報が推奨されることがあり得るからです。

あるいは、それが見つからないときは自分でそのカテゴリを創出しなければならないでしょう。自分で市場を創出した企業がその市場で長きにわたって最も売り上げや利益を得ることができるからです。

今後も、人工知能、パーソナルアシスタント関連のニュースから目を離すことができません。人工知能という新基軸により新たな企業連合が生み出されるはずです。

今回のニュースを見る限り、AppleはGoogleのようなWeb検索エンジンをいきなり作るわけではありません。しかし、独自の情報収集クローラーを走らせて世界中のWWWの情報を収集し始めたことは事実です。

今のAppleはスマートフォンで稼いだ資金を使い、自動車の世界に進出するのではないと取り沙汰されるくらいの勢いがある会社です。そうした勢いがある会社なら独自検索エンジンを作り、Googleに挑むことができるのではないでしょうか?

4-2 ◆ Appleの独自検索エンジンのSEO

Appleの独自検索エンジン「Spotlight」で上位表示するためのノウハウが急速に集まってきています。「Spotlight」はAppleが販売しているMac、iPad、Apple TV、iPhoneなどの各種デバイスに搭載されていますが、最も使われているのはスマートフォンのiPhoneです。ここではiPhoneに搭載された「Spotlight」で上位表示するにはどうすればよいのかを考えてみましょう。

SpotlightはiPhoneでどのように使うかというと、iPhoneのホーム画面を右にスワイプすると起動します。画面の一番上にキーワード入力欄があります。次ページの図は私が使っているiPhoneの画面です。

　画面一番上に「ホテル」というキーワードを入れたSpotlightの検索結果画面が次の画面です。

●Spotlightの検索結果画面

どのような項目が検索結果に表示されるのかを順番に見ていきましょう。

①トップヒット

　まず検索結果画面の一番上ですが、連絡先のデータが出てきます。これは日ごろ私が自分のiPhoneに登録してきた電話番号と名前のデータです。

　なぜ、検索結果の一番上に私が登録したホテルの連絡先が表示されるのでしょうか？　この部分が独特の発想ですが、ユーザーが「ホテル」というキーワードを入れる意図は何もWeb検索をしてホテルのWebサイトを見ることだけとは限りません。普段、宿泊しているホテルやそこにあるレストランに連絡が取りたくなったのかもしれないからです。

　特にiPhoneの最も根本的な機能は通話機能です。スマートフォンの使い道で重要な通話関連情報を検索結果の第1位に持ってくるところがいかにもモバイル時代にふさわしい流儀なのかもしれません。

②ユーザーがいる周辺の情報をマップで表示

電話の連絡先の次に来る検索順位2位の項目が「マップ」です。過去にAppleはGoogleと提携していたので以前はGoogleマップをiPhoneのデフォルトマップとして設定をしていました。しかし、Googleが配布するAndroid OSが真っ向からiPhoneに挑戦し、スマートフォンOSの市場シェアを奪うようになってからはAppleとGoogleの関係は悪化しました。いくつもの大型の特許訴訟をAppleがGoogleに行い、経済的にも法律的にも現在、AppleとGoogleは闘争を繰り返しています。

こうした中、Appleが独自でスタートした独自の地図アプリが「マップ」です。このアプリは単に「マップ」という名前で、多くのiPhoneユーザーがGoogleマップだと思って使っているといわれています。

このマップの検索結果にはユーザーがいる場所の周辺にあるホテルが表示されます。私は今、神戸にいますが、神戸のホテルが3件だけ表示されています。もっと多くのホテルを見るにはその下にある「マップでその他の場所を表示」というリンクをタップすることになります。

問題はどうすればAppleのマップで上位表示されるかですが、それには3つの条件があります。

(1)Appleが提携している各種ポータルサイトに掲載されること
(2)提携先ポータルでレビューが書かれていること
(3)ユーザーの位置情報の近くに店舗が存在していること

Appleが提携しているポータルサイトは、現在、わかっているものだと次のものがあります。

ジャンル	ポータルサイト
ホテル・宿泊施設	トリップアドバイザー
	Booking.com
飲食店	トリップアドバイザー
	食べログ

これらのポータルサイトが提供している情報にはポータルサイトの名前が表示されますが、表示されていないものに関してはAppleが独自で収集しているものと思われます。

ホテルと、飲食店以外では実店舗のある地域ビジネスはYelpという世界最大級の地域ポータルサイトの日本語版を情報源として活用しています。実店舗のある地域ビジネスを経営している場合はYelpに登録することが現実的なSpotlight対策です。早速「https://biz.yelp.co.jp/」からYelpに登録するようにしてください。

③連絡先

ここは顔写真入りでFacebookでお友達登録した人の情報が出てきます。先日セミナーで名刺交換をさせていただいた受講者の方をお友達登録させていただきましたが、その中にホテルという言葉が含まれていたのでこの検索結果に表示されています。

この部分の対策としてはFacebookのお友達登録をより多くの人達とすることになります。これまで以上に活発に個人のFacebookのお友達登録を増やせば増やすほど、その人達がiPhoneを使っていて、かつSpotlight検索をしたときにこちらに情報が表示され、こちらのことを思い出してくれる可能性が生じます。そして、連絡をしてくれれば売り上げが増えることが期待できます。

やはりスマートフォンマーケティングにはソーシャルメディアが重要なファクターだということがここでも現れています。

④メモ帳に書いた文字列

以前に私がたまたまiPhoneにあるメモ帳に書いた文章までもが検索範囲になっており、検索結果にかかっています。

⑤メール

これが一番驚きましたが、スマートフォンに内蔵されているメールの表題や本文に書かれている文字が検索対象になっており、特にメールの表題に目標キーワードを書けばこの部分で上位表示されやすいということがわかっているそうです。

これは「メールSEO」といってもよい、新しいSEOが生まれたことを意味します。

⑥候補のWEBサイト

ここが特に注目です。なぜなら、これらWebサイトの情報はApple独自のクローラーが情報を収集したものだからです。

⑦ニュース

次がニュースという項目で、ここで出てくるためには最低限、プレスリリース代行会社を利用するなどしてニュースサイトに自社の情報を載せてもらうことを心がけなくてはなりません。しかも、どんなニュースが載るかはニュースサイト次第ですし、新規性のある商品やサービスをリリースすることは最低限の条件になります。効果が期待できるプレスリリース代行会社としてはPRTIMES、@プレスなどがあり、それぞれ料金は3万円かかります。

⑧Webを検索

この部分がGoogleです。「Webを検索」というリンクをタップするとSafariというApple純正のブラウザが立ち上がり、そこにはじめてGoogleの検索結果が表示されます。

このようにAppleが考える検索エンジンというのは、次のような斬新な発想です。

(1)Webを検索する前にまずスマートフォンの中に過去蓄積された情報から検索する
(2)地域性の高いキーワードではAppleのマップを優先的に表示する
(3)マップではAppleが提携するポータルサイトに掲載され、かつレビューをたくさんお客様に書いてもらう必要がある
(4)アプリを優先的に上位表示させる
(5)他社製の検索エンジンであるGoogleの上に自社の独自クローラーが収集したSpotlight純正の検索結果を表示させる

こうした傾向を私達は念頭に置き、今後はモバイルSEOを実施する必要が出てきました。

4-3 ◆ ソーシャルメディアでの検索

2016年2月9日に発表されたLIDDELL株式会社のプレスリリースに興味深いデータがありました。

URL https://prtimes.jp/main/html/rd/p/
000000012.000011944.html

それは、アンケート調査によると、検索をするのはGoogleやYahoo! JAPANだけではなくなってきているということです。

●LIDDELL株式会社のプレスリリースの抜粋

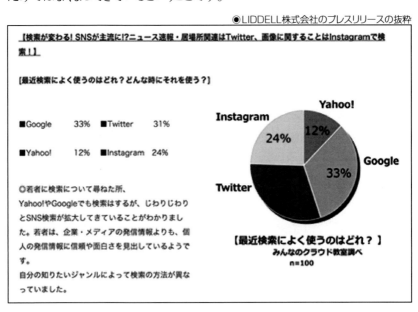

このアンケート調査の詳細は次の通りで、100名の若者を対象にしたものですが一定の傾向が反映されていると思います。

- 調査主体：みんなのクラウド教室調べ http://mincloud.jp/
- 対象期間：2016年2月1日(月)から2月6日(土)(インターネットおよびインタビュー調査)
- 調査人数：18歳から22歳の日本人男女・合計100名

Yahoo! JAPANやGoogleの最大の弱点は新しい情報を検索結果に反映させるスピードが遅いということです。サイトに新しくページをアップしてもそれがすぐに検索結果の上位に来ることは簡単なキーワードでもない限り非常に難しいことです。

とても人気があるサイトやフォロワーがたくさんいるソーシャルメディアで告知をしてすぐにアクセスが増える体制があれば、少しはインデックスは早くなりますが、それでも即時に検索にかかることは難しいのが現実です。

Googleのサーチコンソールにあるサイトマップ機能を使ってもインデックスされやすくなることはあっても即時に上位表示させるには不十分です。

その点、Twitterの強さは最新の情報が見つかりやすいことです。このアンケートによるとTwitterで検索するときは「速報などを知りたいとき・検索エンジンでもヒットしない情報を探すとき。ニュース速報、ライブ情報、ゴシップ・トレンド情報など、最新の情報を知りたいときに活用することが多い」というように最新情報を見つけやすいのがTwitterの特徴です。

また、Instagramは最新の画像が検索できます。流行の感度が高いユーザーがアップしたグルメ、ファッション、観光地などの膨大な写真が日々、投稿されています。

若者だけではなく、他の世代の人もネットに慣れた人だと天候や、イベントのこと、受験の合格発表のことなどは、Googleではなく、Twitterで検索するという方が大勢います。

こうした状況に対してWebサイト運営者はどう対応すればよいのでしょうか？　それは自社のTwitterアカウントを立ち上げることです。

これまでTwitterを立ち上げたけど集客の効果がないからやめたという企業は多いと思います。私もそのうちの1人でしたが、ソーシャルメディアの影響力が増すにつれてTwitterは必須だと思い、今では土日祝日以外はほぼ毎日サイトの更新情報を投稿するようにしています。アクセス解析ログで効果を検証するとFacebookからの流入の10分の1から6分の1の流入がTwitterから生じるようになりました。

しかし、最初はほとんど毎日0人の流入という日が続き、やり始めて3カ月くらいで1日に1人くらいになり、1年後に10人くらいになりました。とてもありがたいことです。自社サイトに追加したページを1行程度で紹介し、そこにリンクを張るだけで1日10名、月300名、年3600名が訪問してくれるのは普通、簡単なことではありません。

　Twitterという最新情報の検索エンジンで上位表示するための第一歩は、自社のTwitterアカウントを開いて、そこでほぼ毎日ツイートをすることです。

　そこではじめてTwitterの検索エンジンで検索にかかるチャンスが生じます。やならなければ0です。

　下図は実際にTwitterの検索エンジンで「インプラント　大阪」というキーワードで検索した検索結果ページです。投稿内にインプラントや大阪が書かれているものが上位表示されています。

●Twitterの検索結果画面

これがTwitterという1つの検索エンジンで自社のプレゼンス（存在感）をまず確保して検索にかかるための方策です。これを継続的に行い、慣れたころにはもう1つの検索エンジン集客のチャンスが開けるはずです。

　また、これらの他にもFacebookやYouTubeなどのソーシャルメディアで検索するユーザーもたくさんいます。今後は、こうした非Web検索以外の検索エンジンからも新しい集客のチャンスが生じるはずです。

　以上が、SEOを取り巻く環境の変化とその未来についての考察です。1つの検索エンジン、1つのことだけを見ていると行き詰まることがあります。しかし、SEOというのはこれまで見てきたように可能性に満ちたものであり、大きなフロンティアです。

　このフロンティアにおいて積極的にその手法を学び、最新情報を収集すれば誰もが活躍するチャンスがある素晴らしいフィールドです。読者の皆様がこの素晴らしいフィールドで大きく活躍することを祈念します。

参考文献

ヤフー特集(日経ビジネス2016年4月4日号)

アマゾン特集(週刊東洋経済2016年3月5日)

『「YouTube 動画SEO」で客を呼び込む』(シーアンドアール研究所)

『スマホ客を呼び込む最強の仕掛け』(シーアンドアール研究所)

Googleプライバシーポリシー(https://www.google.co.jp/intl/ja/policies/privacy/)

Google キーワードプランナー(https://adwords.google.co.jp/keywordplanner)

What Is Content Marketing?(Content Marketing Institute)
　　　　　　(http://contentmarketinginstitute.com/what-is-content-marketing/)

W3Techsアクセス解析ログツール利用状況調査
　　　　　　(http://w3techs.com/technologies/history_overview/traffic_analysis/all)

IT用語辞典 e-Words(http://e-words.jp/)

IT用語辞典バイナリ(https://www.sophia-it.com/)

Wikipedia(https://ja.wikipedia.org/)

「Google、数カ月前から検索エンジンに人工知能を導入」(日経クロステック)
　　　　　　(https://xtech.nikkei.com/it/atcl/news/15/102703517/)

「Google Turning Its Lucrative Web Search Over to AI Machines」
　　(Bloomberg 2015年10月26日)
　　(https://www.bloomberg.com/news/articles/2015-10-26/
　　　　　　　　google-turning-its-lucrative-web-search-over-to-ai-machines)

索引

索引

索引

■編者紹介

一般社団法人全日本SEO協会

2008年SEOの知識の普及とSEOコンサルタントを養成する目的で設立。会員数は600社を超え、認定SEOコンサルタント270名超を養成。東京、大阪、名古屋、福岡など、全国各地でSEOセミナーを開催。さらにSEOの知識を広めるために「SEO for everyone! SEO技術を一人ひとりの手に」という新しいスローガンを立ててSEOの検定資格制度を2017年3月から開始。同年に特定非営利活動法人全国検定振興機構に加盟。

●テキスト編集委員会

【監修】古川利博／東京理科大学工学部情報工学科　教授
【執筆】鈴木将司／一般社団法人全日本SEO協会　代表理事
【特許・人工知能研究】郡司武／一般社団法人全日本SEO協会　特別研究員
【モバイル・システム研究】中村義和／アロマネット株式会社　代表取締役社長
【構造化データ研究】大谷将大／一般社団法人全日本SEO協会　特別研究員

編集担当：吉成明久 / カバーデザイン：秋田勘助（オフィス・エドモント）

SEO検定 公式テキスト 1級 2022・2023年版

2022年2月17日　　初版発行

編　者	一般社団法人全日本SEO協会
発行者	池田武人
発行所	株式会社　シーアンドアール研究所

新潟県新潟市北区西名目所4083-6（〒950-3122）
電話　025-259-4293　　FAX　025-258-2801

ISBN978-4-86354-376-8 C3055